职业教育大数据技术与应用专业系列教材

云计算技术基础教程

主　编　王风茂　蔡政策

副主编　孟宪宁　刘　阳　刘　睿

参　编　王耀民　张　婷　刘志敏　林雪纲

机　械　工　业　出　版　社

本书系统地讲解了云计算（Cloud Computing）产生与发展的基本概况以及公有云、私有云和混合云的架构特点与应用领域；阐述了 SaaS、PaaS 和 IaaS 3 种云计算服务模式的功用和特点，为全面了解云计算奠定了基础。为了更深入地了解云计算技术内涵，本书讲解了构建云计算系统架构的开放平台 OpenStack 技术；分析了构成云计算技术核心的虚拟化（Virtualization）、并行计算（Parallel Computing）与分布式计算（Distributed Computing）3 大支撑技术；讲解了云计算数据中心设计与建设的原则与要点以及桌面云的技术架构与应用，并从工程的角度讲解了云计算数据中心的安全设计与部署要点。同时，本书还讲解了基于云计算架构的大数据处理技术。全书列举了一些云计算的典型案例，让读者能够更好地了解云计算产业的发展与应用概况；同时，每章都设有拓展训练项目，帮助读者更好地掌握理论知识，达到学以致用的目的。

本书可作为高等职业院校的云计算技术与应用、大数据技术与应用、计算机网络技术等专业的专业课程教材，也可作为从事云计算与大数据相关产业的从业者或爱好者的参考资料。

本书配套了课程教学大纲、课件、单元设计等教学资料，教师可登录机械工业出版社教育服务网（www.cmpedu.com）免费下载或联系编辑（010-88379194）咨询。

图书在版编目（CIP）数据

云计算技术基础教程/王风茂，蔡政策主编．—北京：机械工业出版社，2020.4（2023.12重印）

职业教育大数据技术与应用专业系列教材

ISBN 978-7-111-65281-6

Ⅰ．①云… Ⅱ．①王… ②蔡… Ⅲ．①云计算—职业教育—教材 Ⅳ．①TP393.027

中国版本图书馆CIP数据核字（2020）第063208号

机械工业出版社（北京市百万庄大街22号 邮政编码100037）

策划编辑：李绍坤 梁 伟　　责任编辑：梁 伟 张星瑶

责任校对：王 延 樊钟英　　封面设计：鞠 杨

责任印制：刘 媛

涿州市般润文化传播有限公司印刷

2023 年 12 月第 1 版第 7 次印刷

184mm×260mm・12.25印张・247千字

标准书号：ISBN 978-7-111-65281-6

定价：39.80元

电话服务　　网络服务

客服电话：010-88361066　　机 工 官 网：www.cmpbook.com

010-88379833　　机 工 官 博：weibo.com/cmp1952

010-68326294　　金 书 网：www.golden-book.com

封底无防伪标均为盗版　　机工教育服务网：www.cmpedu.com

前言 PREFACE

云计算已经成为 ICT（Information Communications Technology）产业发展的重要组成部分，是数据中心建设、大数据应用、物联网应用、移动互联以及人工智能等产业的重要支撑，云计算的发展为云计算工程建设、大数据应用开发、物联网工程建设以及 ICT 系统集成等方向的从业者提供了广阔的就业前景和无限的职业发展空间。

为了让读者比较系统地掌握云计算的基础知识和技术架构，笔者精心选取了教材编写内容，并设置了“云上故事”模块。每章后面还提供了拓展学习和训练的项目，帮助读者更好地掌握每章的知识和要点。各章节的主要内容如下：

第 1 章 云计算概述：概括讲解了什么是云计算、云计算的起源与发展等，让读者了解云计算产生的背景以及产业的应用前景。

第 2 章 云计算的类型与应用：讲解了云计算的分类。云计算按照运营模式可以分为公有云、私有云、混合云；按照服务模式可以分为基础设施即服务（IaaS）、平台即服务（PaaS）、软件即服务（SaaS）。了解这些分类，可以更好地理解在不同需求下如何设计和建设合适的云计算应用系统。

第 3 章 云计算与虚拟化技术：主要讲解了虚拟化技术的相关内容，它是云计算的核心技术之一。通过虚拟化技术，可以将云计算系统中的服务器资源、存储资源和网络资源进行“池化”管理，通过创建虚拟机，实现云计算资源的统一调度、分配、共享、迁移等管理。

第 4 章 云计算与分布式技术：分布式计算和并行计算是云计算的重要支撑技术。本章主要讲解了分布式计算和并行计算平台的 Hadoop 和 MapReduce 功能以及技术架构，以便更深入地理解云计算技术体系。

第 5 章 云计算与 OpenStack：OpenStack 是一个开源的云计算管理平台，使用 OpenStack 能够搭建包括公有云、私有云、混合云的 IaaS 云平台，是目前最流行的构建云计算系统的开源平台。通过对 OpenStack 的学习，了解其主要技术特点以及对构建云计算体系架构的作用。

第 6 章 云计算数据中心规划建设：主要讲解了云计算数据中心设计与建设的原则和要点，云计算数据中心是构成云计算应用系统的核心，大量 IT 资源部署在该中心，通过云操作系统集中管理平台，实现各种资源池、虚拟机以及租户的创建和管理。

第 7 章 云计算与桌面云：主要讲解了桌面云的技术架构与应用，该技术将计算机的应用桌面进行虚拟化，允许客户端通过计算机终端或手机等移动设备远程接入虚拟桌面，构成桌面云系统，达到如同一般主机应用的操作桌面效果，并提高桌面使用的安全性和灵活性。

第 8 章 云计算与大数据：本章讲解了基于云计算架构的大数据处理技术。大数据与云计算的关系密不可分，大数据必然无法用单台的计算机进行处理，必须采用分布式架构。它的特色在于对海量数据进行分布式数据挖掘，但它必须依托云计算的分布式处理、分布式数据库和云存储以及虚拟化技术等。

第 9 章 云计算安全方案设计与部署：云安全技术是云计算技术的重要组成部分，也是支撑云计算应用与发展的基石。本章从一个实际工程出发，主要从网络层、主机层、应用层面以及数据层面等多个层面分析云计算系统存在的安全威胁，并提出安全预防设计方案和部署建议，对云计算工程的安全设计与运维管理具有重要参考意义。

本书为校企合作共同编写。本书第 1 章、第 2 章由安徽国际商务职业学院蔡政策编写；第 3 章由青岛职业技术学院王耀民编写；第 4、5、7 章和附录由青岛职业技术学院王风茂编写；第 6 章由青岛职业技术学院孟宪宁编写；第 8 章由贵州职业技术学院刘睿编写；第 9 章由青岛职业技术学院刘阳编写；全书由王风茂统稿。参与本书编写工作的还有张婷、刘志敏以及其他兄弟院校的老师，在此一并致谢。

参加本书审稿和案例整理的还有华为的宁方明、北京西普阳光教育科技股份有限公司的林雪纲等多位资深企业工程师，他们从实际工程出发，对书中内容进行了审核修改，在此深表谢意。

由于编者学识水平、专业能力所限，书中难免会出现疏漏，敬请广大读者提出宝贵批评和意见，谢谢！

编　者

目录 CONTENTS

CONTENTS

CONTENTS

Chapter 1

第1章 云计算概述

云中书城

许多人没有时间也不方便去图书馆借书、到书店购书，而且携带纸质书刊也十分不便，因此选择在“云中书城”看书。

“云中书城”是全球领先的云平台数字书城，内容囊括盛大文学旗下起点中文、红袖添香、小说阅读网、榕树下、潇湘书院、言情小说吧、天方听书网、悦读网等内容及众多国内知名出版社、图书公司出版的电子书等，为消费者提供包括数字图书、网络文学、数字报刊等数字商品。用户可以通过云中书城网站（http://www.yuncheng.com/）、Bambook 电子书阅读器、手机、iPad、电视等多种平台和设备随时随地下载阅读云中书城的海量内容。并且，通过“云中书城”开放平台，所有出版单位均可自主上传数字图书、数字报刊等内容，自主定价，借助“云中书城”庞大密集的销售网络进行推广销售。

想要阅读最新的小说内容，盛大云中书城客户端拥有的传统电子书种类齐全、品种丰富，无需联网也可以轻松阅读书架内的所有书籍。盛大云中书城客户端每天都会为读者带来最新、最热的小说内容，精心优化阅读体验，让读书更加有趣舒心。

云计算正在改变人们的学习、休闲等一系列生活和工作方式……

本章导读

云计算（Cloud Computing）是一种面向服务的新型商业模式，用户如同超市购物、自助点餐一样，从云计算服务平台上申请使用ICT（Information Communications Technology）软硬件资源，如CPU、内存、存储、网络、软件等，无需自己设计、招标、机房建设、软件开发或采购等一系列建设过程，也不需要招聘ICT专业人才负责整个系统的运行维护，只需交给云计算服务提供商进行专业建设和运维即可。

云计算技术的核心是由分布式计算（Distributed Computing）、并行计算（Parallel Computing）、虚拟化（Virtualization）等技术构成的，通过网络将大量分布式计算资源集中管理起来，实现并行计算，并通过虚拟化技术形成资源池，为用户提供计算资源的按需、弹性分配，极大地提高了IT资源的效能。

本章将从云计算的起源、云计算的体系架构、云计算的特征及优势以及云计算与物联网、大数据、人工智能融合发展等方面，系统讲解云计算技术的发展历程、现状和未来发展趋势。

学习目标

1. 了解云计算产生的技术背景
2. 理解云计算的基本概念和含义
3. 理解云计算的系统架构
4. 了解云计算的产业应用模式
5. 了解云计算未来的发展方向

1.1 云计算的起源

1.1.1 云计算的产生

云计算这个概念来自戴尔（Dell）的数据中心解决方案、亚马逊（Amazon）的 EC2（Elastic Compute Cloud）产品和 Google-IBM 的分布式计算项目。云是对动态、可变的互联网的一种比喻，云计算设计的初衷是将计算能力放在庞大、分布广泛的互联网上，利用庞大的互联网资源实现业务的分布式和并行处理，从而实现资源的共享和灵活多变的部署。亚马逊的 EC2 产品起始于 2006 年 3 月，是目前公认最早的云计算产品，当时被命名为 Elastic Compute Cloud，即“弹性计算云”。2006 年 8 月 9 日，在搜索引擎大会（SES San Jose 2006）上，Google 首次提出了“云计算（Cloud Computing）”的概念，之后，云计算技术和产品如雨后春笋，蓬勃发展。目前，国外具有代表性的云计算企业主要有亚马逊（Amazon）、VMware、微软、Salesforce.com、Google、IBM、Citrix 等；国内主要有阿里巴巴、华为、腾讯、百度等众多企业。

1.1.2 云计算的概念及特点

按照美国国家标准与技术研究院（NIST）定义，云计算是一种按使用量付费的模式，这种模式提供可用的、便捷的、按需的网络访问，进入可配置的计算资源共享池（包括网络、服务器、存储、应用软件、服务等），这些资源能够被快速提供，只需投入很少的管理工作，或与服务供应商进行很少的交互。

从技术角度来定义，云计算是分布式计算（Distributed Computing）、并行计算（Parallel Computing）、效用计算（Utility Computing）、网络存储（Network Storage Technologies）、虚拟化（Virtualization）、负载均衡（Load Balance）、热备份冗余（High Available）等技术发展融合的产物，通过网络将大量分布式计算资源集中管理起来，实现并行计算，并通过虚拟化技术形成资源池，为用户提供计算资源按需、弹性分配，极大地提高了 IT 资源的效能。云计算应用示意图如图 1-1 所示。

云计算是通过将业务计算分配给网络上大量的分布式计算机来实现业务的快速处理和资源的动态合理使用，让企业能够将资源切换到需要的应用上，其具有以下几个主要特点：

（1）超大规模系统架构

云计算可以具有“无限”的规模，比如 Google、Amazon、IBM、微软、Yahoo、阿里云等，分布在全世界的大量云数据中心已经拥有超过几百万台服务器，而且随着业务的扩展仍在不断地扩张。因此，云计算通过分布式计算和并行计算等技术，赋予用户前所未有的计算能力和数据处理能力。

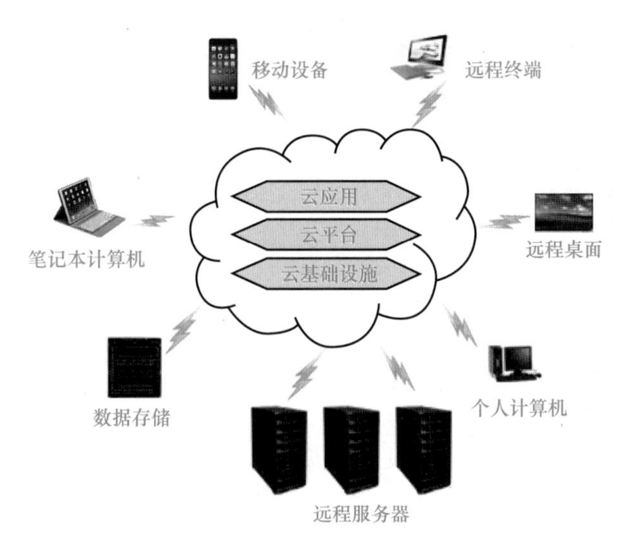

图 1-1　云计算应用示意图

(2) 虚拟化资源管理

云计算支持用户在任意位置、使用各种终端（如移动互联终端等）获取云提供的服务。这些资源通过虚拟化处理技术创建服务器、存储和网络等资源池，用户如同在超市购物一样，按照所需从这些资源池中选购相应的资源，构建属于自己业务需要的虚拟化运行系统。

(3) 高可靠性和高可用性

云计算采用了容错、灾备、热备等技术措施，实现计算的高可靠性和高可用性，从而保障业务的不间断、安全处理。

(4) 通用性

由于云计算系统架构具有开放性、兼容性、跨平台、虚拟化等特点，云平台上的软硬件与应用松耦合而不进行固定捆绑，因此，在同一个“云”的天空中，可以同时支持不同的业务应用。

(5) 高可扩展性与负载均衡

云计算具有弹性可伸缩等特点，可根据业务需求扩展或压缩运行规模；也可根据业务处理的需要实现不同计算节点的负载均衡，充分发挥分布式云计算资源的效能。

(6) 高性价比

云计算可以充分发挥云上大量廉价的计算节点，实现业务的分布式处理，用户无需关注云资源的具体分布，通过云平台实现业务自动化分发和集中，企业会大大降低日益高昂的数据中心管理成本，使资源的利用率较之传统系统架构大幅提升，大大提高了系统建设和应用的性价比，同时缩短了业务扩展的时间成本。例如，在很短的时间内创建虚拟机的形式，即可构建出一套新的业务应用环境。

(7) 更多的数据安全问题

云计算系统与传统网络系统存在同样的安全问题，并且由于企业业务数据可能建立在第三方云计算平台上，数据存储可能分布在不同的物理位置上，专业管理团队一般外包给云

服务提供商，云计算存在更大的数据安全风险。这需要通过立法、管理措施、安全认证以及数据安全技术等措施来加强云计算软硬件和数据的安全管理。

1.2 云计算的体系架构

1.2.1 云计算技术基础架构

云计算技术基础架构是以Google提出的云计算逻辑架构发展起来的。Google的云计算基础设施包括4个相互独立又紧密结合在一起的系统：GFS（Google File System）分布式文件系统、分布式程序调度器Chubby锁服务、针对Google应用特点提出的MapReduce编程模式和大规模分布式数据库BigTable。

（1）GFS分布式文件系统

提供可伸缩、处理大数据访问的系统，并提供统一的访问文件系统的API。Google根据自己的需要，设计出一套全新的分布式文件系统。一个GFS集群包含一对主备的Master节点、多台Chunk服务器。GFS把文件分成固定大小的块，每一块分布存储在廉价的Chunk服务器上。Master给这个块分配一个唯一的标识，以Linux文件的形式保存在本地硬盘，并且根据指定的Chunk标识和字节范围来读写块数据。为了提高可靠性，每个块都会被复制到多个Chunk服务器上，通常情况下使用3个复制节点。

（2）Chubby锁服务

Chubby用于松耦合分布式系统的锁服务，主要用于解决分布式一致性问题。一致性是指在一个分布式系统中，有一组的业务进程，它们需要确定一个值，于是每个进程都提出了一个值，只有其中的一个值能够被选中作为最后确定的值，并且当这个值被选出来以后，所有的进程都需要被通知到，解决多进程处理结果的一致性问题。

本质上，Chubby是Google设计的提供粗粒度锁服务的文件系统。在GFS中，创建文件就是进行“加锁”操作，创建文件成功的那个服务器其实就是抢占到了“锁”。用户通过打开、关闭、读取文件来获取共享锁或者独占锁；并通过通信机制，向用户发送更新的信息。当多个服务器需要选举Master时，这些服务器同时申请某个锁文件，成功获取“锁”的服务器当选主服务器，并在文件中写入自己的地址。其他服务器通过读取文件中的数据获取Master的地址。其他分布式系统可以使用它对共享资源的访问进行同步。同时这种锁服务是建议性的，而非强制性的，这样能带来更大的灵活性。

（3）MapReduce编程模式

Google发现大多数分布式运算可以抽象为MapReduce操作，Map是把输入（Input）分解成中间的Key-Value对，Reduce把Key-Value合成最终输出（Output），把结果存储在GFS上。

（4）分布式数据库BigTable

BigTable是一个大型的分布式数据库，内部存储数据的文件是Google SSTable格式的。

SSTable 是一个 Key-Value 映射的数据结构，Key 和 Value 的值都是任意的字符，以键值对的形式存储在分布式文件系统中。

1.2.2 云计算应用层次架构

在云计算应用层次架构中，按照商业运作模式和服务类型可以分为三层结构。如图 1-2 所示。

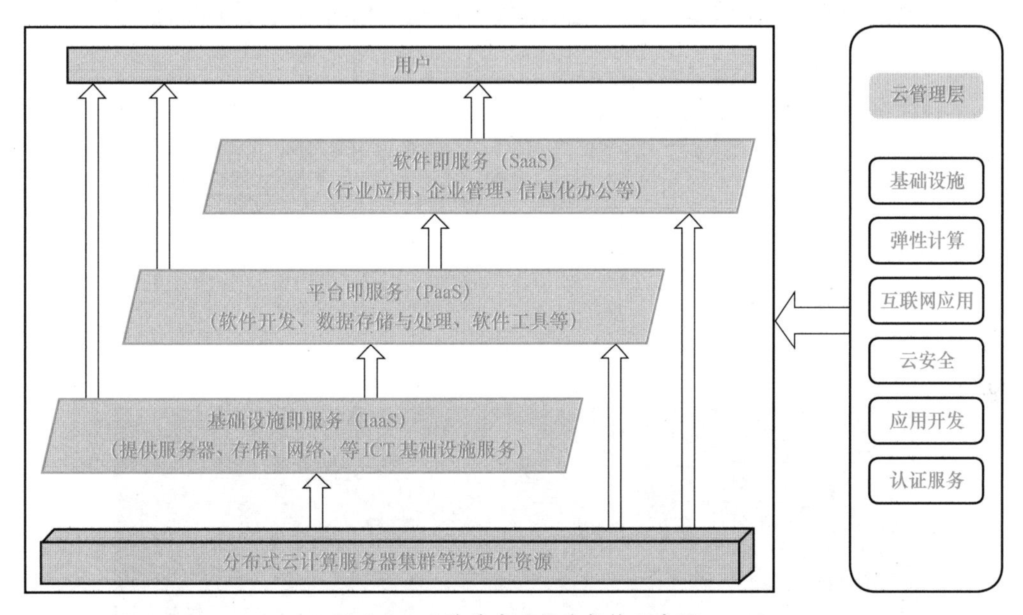

图 1-2　云计算应用层次架构示意图

（1）基础设施即服务（IaaS）

基础设施即服务（Infrastructure as a Service，IaaS），是将云计算软硬件基础设施作为服务资源提供给云用户使用。该层包括虚拟或实体服务器、存储、网络、负载均衡以及支撑系统软件等软硬件设施。该层提供的是基础的计算、存储和网络通信资源，例如，CPU、内存、存储、操作系统及一些支撑系统软件，为用户提供一套整体的解决方案。通过虚拟化等技术，实现物理资源的共享来提高资源利用率，降低 IaaS 平台成本与用户使用成本。

代表性产品有 VMware vCloud Suite、IBM Blue Cloud、Amazon EC2、华为云 FusionSphere 等。华为云的 IaaS 服务平台如图 1-3 所示。

（2）开发与工具平台服务（PaaS）

平台即服务（Platform as a Service，PaaS），该层提供给用户基于云操作系统的应用开发环境，包括应用编程接口、中间件、运行平台等，并且支持应用从创建到运行的整个生命周期所需的各种软硬件资源和工具。在 PaaS 层，服务提供商提供的是经过封装的 ICT 能力，或者说是一些可用于二次开发的基础资源或平台，比如数据库、文件系统、应用开发和运行环境等。该层一般面向的是应用软件开发商（Independent Software Vendors, ISV）或独立开发者，这些应用软件开发商或独立开发者在 PaaS 厂商提供的在线开发平台上进行开发，从而推出自己的云计算应用系统，为终端用户或第 3 层 SaaS 层提供产品或应用服务。

代表性产品有 Google App Engine、Windows Azure Platform、AWS、阿里云、华为 DevCloud 等。华为云的 PaaS 服务平台如图 1-4 所示。

图 1-3　IaaS 服务平台案例

图 1-4　PaaS 服务平台案例

（3）软件即服务（SaaS）

软件即服务（Software as a Service，SaaS），是面向云终端用户的云计算服务，用户通过浏览器来使用云平台上提供的软件。云服务供应商负责维护和管理软件和硬件设施，免费或按出租方式向最终用户提供软件应用服务。这类服务既有面向普通用户产品，如 Google Calendar 和 Gmail，也有直接面向企业团体的，用以帮助处理工资单流程、人力资源管理、客户关系管理等企业信息化管理系统。该商业模式减少了客户安装和更新软件的时间和运维成本，并且可以通过按使用付费的方式减少软件许可证费用的支出。

代表性产品有 Google Apps、IBM LotusLive、Salesforce.com、阿里云、京东、Office365、Sugar CRM。阿里云的 SaaS 服务平台如图 1-5 所示。

图 1-5 SaaS 服务平台案例

在图 1-2 中，除了三层结构外，还包含云管理层，主要包含以下几个功能模块：

1）基础设施：除了服务器、存储、网络等硬件资源外，还包括简单的基础应用。

2）弹性计算：是指可根据业务需求动态伸缩获取云计算中的资源，如 CPU、内存、存储、网络等资源，以快速响应需求的变化。数据处理即依据云计算的分布式运算能力，提供大数据存储、分析、挖掘等应用。

3）互联网应用：包括多个智能系统，提供用户网络负载均衡、系统容灾、内容快速分发等互联网功能的应用。

4）云安全：在云计算中安全包括各个层面，从服务器本身的防护，到网络层、数据层的运维和管理等。一个整体的云安全架构体系，除了要有本身的软、硬件安全产品保驾护航外，还需要安全制度和响应机制。

5）应用开发：客户以云计算提供的产品为中心，形成一套完整的应用生态。

6）认证服务：通过多种机制保障用户登录的安全性，并可作为服务提供给用户使用。

但从技术角度而言，云服务的三层结构之间并不是独立的，而是有一定依赖关系的，例如，一个 SaaS 层的产品和服务不仅需要使用到 SaaS 层本身的技术，而且还依赖 PaaS 层所提供的开发和部署平台或者直接部署于 IaaS 层所提供的计算资源上，此外，PaaS 层的产品和服务也很有可能构建于 IaaS 层上。

1.2.3 云计算系统运行体系架构

在云计算系统运行架构中，最外层由智能 DNS（Domain Name System，域名系统）和 CDN（Content Delivery Network，内容分发网络）对访问内容进行加速；应用层采用以 SOA（Service Oriented Architecture，面向服务的架构）松耦合架构，通过消息队列为各个模块进行通信；数据层以分库、分表、缓存、索引等技术提高增、删、改、查的响应速度，通过数据库的镜像和日志传送提供容灾备份功能，底层采用分布式架构，硬件资源在进行统一的抽象和池化后提供给应用层使用。如图 1-6 所示。

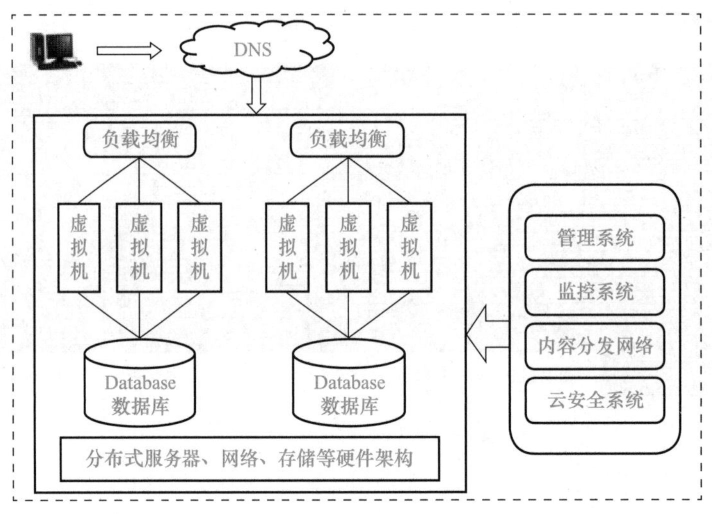

图 1-6　云计算系统运行架构示意图

在整个系统中：底层硬件采用分布式架构，进行分布式计算和分布式存储；中间层采用 SOA 松耦合服务架构，把任务分解成各个小的角色，把这些角色以 Web 服务的形式对外开放，每个小的角色对应一个服务，服务与服务之间是 SOA 的架构，底层通过分布式架构实现；上层通过硬件负载均衡，把流量分解到不同的 Web 应用前端，通过用户的 URL 在前端服务器处理后，分发到不同的角色服务器中，角色服务器再和后台数据库进行增加、删除、修改和查询，这样前端根据角色分开访问，后端的分布式系统又把数据进行拆分存储和读取。

后端数据在分布式架构中采用镜像主备方式，保证数据的高可用性，数据至少被保留 3 份，数据通过镜像和日志传送进行容灾和备份，同时整个系统架构在多层 DNS 和 CDN 服务中，系统的静态数据和动态数据分离，从最近的镜像中获取数据，保证业务能应对高吞吐量和高并发、低延时的突发访问量。

同时，云安全系统为整个云平台在网络层面、应用层面和主机层面提供全方位的信息安全保障。

在云平台中根据预先设定的阈值报警和邮件提示，监控系统在多个维度和层面对系统中每个服务的状态进行严格的跟踪和日志报告。自动化的脚本运维，能提供更加快速、方便的系统部署和业务升级维护。

1.3 云计算的特征及优势

1.3.1 云计算的主要特征

云计算主要有按需自助服务、无处不在的网络接入、与位置无关的资源池、快速弹性和按使用付费 5 个特征。

（1）按需自助服务（On-Demand Self-Service）

在自助餐厅中，消费者可以自主挑选各式各样的美食，自己控制食物的分量，省去了消费者点菜和服务员下单制作的过程，能更快速地获得想要的美食。与之类似，在云计算中，客户可以根据业务的需求，自主向云端申请资源，省去了与服务供应商人工交互的过程，避免了人力、物力的浪费，提高工作效率，节约成本。

（2）无处不在的网络接入（Ubiquitous Network Access）

用户借助一些客户端产品，如移动电话、笔记本计算机和平板计算机等，能够通过互联网访问云资源，不受地理位置的限制，随时随地接入云平台。

（3）与位置无关的资源池（Location Independent Resource Pooling）

资源池中的这些资源包括存储、处理器、内存、网络带宽等。供应商的资源被集中，以便以多用户租用的模式提供服务，同时不同的物理机和虚拟机资源可根据客户的需求动态分配。客户一般无法控制或知道资源的确切位置，只需要根据自身需求申请相应的资源。客户所获得的资源可能来自北京云计算中心，也可能来自于上海云计算中心。

（4）快速弹性（Rapid Elastic）

在传统 IT 环境中，如果客户需要部署一套完整的业务系统，需要进行售前方案的制定、成本预算的评估、设备及场地的购置与协调、设备的安装与调试、业务的部署等。往往一个业务的部署需要花费几个星期、几个月甚至几年的时间，大大增加了人力成本和时间成本。在云计算环境中，部署业务时就省去很多传统 IT 环境部署业务的流程，如设备、场地的购置与协调、设备的安装与调试等。部署业务的所需均以资源服务的形式提供，而不是以真实物理设备的形式。这些资源来自于服务供应商的云计算中心，消费者只需要利用这些资源部署自己的业务，不再需要额外租用场地、购买设备等，同时硬件的运维成本也得到降低，有效地缩短了业务的部署周期，这就是云计算关键特征“快速”的具体表现。

对客户来说，可以租用的资源几乎是无限的，并且可在任何时间购买任何数量的资源。这些资源可以根据客户自身的需要进行扩容或者减容，实现资源的有效利用和成本的节约。如某公司的业务流量存在不确定性，该业务可能在未来的某段时间突发大规模并发访问，现有资源已经无法承载这种突发行为，在传统的 IT 环境中，需要增加 CPU、硬盘等硬件资源提高服务器性能，或添加多台服务器资源来承载业务。而在云计算环境中，就不需要如此复杂，当现有资源已经无法承载现有业务时，只需要向服务提供商增加租赁资源扩容到业务系统中即可。如果当前业务减少了，现有资源承载业务会有大量资源的盈余，在传统的 IT 环境中，一般不会对服务器进行减容，在线减容工作量大，存在风险，盈余资源只能闲置。而在云计算环境中，消费者可以根据需求减少资源的租赁，释放多余的资源，从而节约租赁资源的成本，实现云计算的关键特征“弹性”。

(5) 按使用付费（Pay Per Use）

在云计算环境中，为了促进资源的优化利用，将收费分为两种情况，一种是基于使用量的收费方式；另一种是基于时间的收费方式。阿里云的产品收费情况如图 1-7 所示。

图 1-7 阿里云产品收费情况

1.3.2 云计算的主要优势

目前，大批企业已经将云计算技术运用到自己的业务中了，那么云计算给这些企业带来了哪些好处呢?

(1) 低廉的成本

现阶段，企业之间的竞争激烈，降低自身运营成本是每个企业的核心竞争力之一。公司运营的主要成本是所需的 IT 硬件成本、软件成本、运维人员成本、机房租赁成本、网络成本等。针对这些成本来源，企业在构建私有云平台时，通过混合部署，利用公有云中的弹性计算服务可以很好地降低成本。据估计，使用公有云服务的成本比传统企业使用小型机、商业数据库、高端存储等方式的成本降低了 80% 以上。通过云平台的自动化运营技术，大幅降低了对运维人员的需求，一个运维人员可以管理数千台甚至上万台的 IT 设备，同时利用云平台中的虚拟化技术，对机房基础设施进行优化改造，降低机房的能耗，减少能源成本与场地成本。

(2) 敏捷快速

为了快速推出业务，现代企业从人员组织结构、企业文化、经营模式，IT 基础设施等方面做出大幅改进。通过云计算平台，企业的 IT 基础设施可直接由云服务供应商提供，节省了设备采购、场地选用等的时间和资金成本，加速了业务的上线速度，实现新业务从研发立项到上线的周期较短，有的只需要 1 ～ 2 天。而传统企业，同样业务少则需要 3 ～ 6 个月，多则需要几年。与传统企业相比敏捷度提升了至少 6 倍。

（3）扩展性好

由于业务突发而引起的大流量并发访问，给应用服务器带来了巨大压力，传统 IT 架构一般会按访问量的上限进行系统扩容，然而在大流量过后，这些资源大部分处于闲置状态，造成巨大的浪费。通过云计算的弹性计算服务，可以做到根据用户的访问量自动申请资源，在突发访问量到来之前，弹性计算服务会自动添加业务系统所需的软、硬件资源，解决业务突发性并发访问的问题，使企业的业务系统在大流量的并发访问中做到收放自如。另外，系统在硬件升级维护的过程中，通过负载均衡机制，切换用户的访问流量，使系统访问平滑地切换到另外的应用服务器中，从而在不影响系统正常运行的情况下，平稳地对系统软、硬件进行升级维护或扩容。

在以信息化为背景的社会环境中，企业面临着激烈的市场竞争，云计算技术在企业节省成本、降低人员运维成本和业务的快速部署等方面有着巨大的优势。在最低的成本下获得最大的利润是企业生存至关重要的法宝。

1.4 云计算的发展现状

1.4.1 世界主要国家的云计算发展政策

信息时代，新技术创新能力和新产业发展程度成为各国综合实力的衡量标准，新技术和新产业竞争的本质是人才的创新。因此，世界各国，尤其是发达国家，都针对云计算的技术创新、产业发展以及人才保障制定了一系列扶植政策和保障措施。

（1）美国云计算产业政策

近些年，美国政府制定了一系列关于云计算的扶植政策，包括实施统一战略计划、明确云计算产品服务标准、加强基础设施建设、制定标准、鼓励创新、加大政府采购、积极培育市场、构建云计算生态系统等举措，推动产业链协调发展。美国政府将云计算技术和产业定位为维持国家核心竞争力的重要手段之一，对云计算产业的扶植采用深度介入的方式，通过强制政府采购和指定技术架构来推进云计算技术进步和产业落地发展，从而取得了飞速发展。目前，美国在云计算领域，从技术到标准以及云产业应用等方面，都具有较大的优势和竞争力。其代表性公司有 Amazon、Microsoft、IBM、Google、VMware 等。

（2）欧洲云计算产业政策

欧洲于 2012 年 9 月 27 日宣布启动一项旨在进一步开发欧洲云计算潜力的战略计划，扩大云计算技术在经济领域的应用，从而创造大量的就业机会。欧盟委员会的云计算战略计划中的政策措施包括筛选众多技术标准，使云计算用户在互操作性、数据的便携性和可逆性方面得到保证。建立了欧盟成员国与相关企业欧洲云计算业务之间的合作伙伴关系，确立欧洲云计算市场，促使欧洲云服务提供商扩大业务范围并提供性价比高的在线管理服务。其云计算战略计划的目标是到 2020 年，云计算能够在欧洲创造 250 万个新就业岗位，年均产值 1600 亿欧元，达到欧盟国民生产总值的 1%。根据现状分析，欧盟对云计算技术高度重视，但是与美国相比，其对云计算的扶植政策发布较晚，但是也采用了政府采购等深度介入的形式推动云计算发展。

（3）日本云计算产业政策

日本于 2010 年 8 月 16 日发布了《云计算与日本竞争力研究》报告，报告指出：政府、用户和云服务提供商（数据中心、IT 厂商等）应利用日本的优势，如在 IT 方面的技术优势，通过分析云计算的全球发展趋势，解决云计算演进和发展过程中的挑战和关键问题，构建一个云计算产业良好的发展环境。通过开创基于云计算的服务来开拓全球市场，在 2020 年前培养出累计规模超过 40 万亿日元的新市场。

（4）韩国云计算产业政策

2011 年 9 月，韩国政府制定了《云计算全面振兴计划》，其核心是政府率先引进并提供云计算服务，为云计算开发国内需求。韩国通信委员会（KCC）报告指出：2010 ～ 2012 年，韩国政府投入 4158 亿韩元来构建通用云计算基础设施，将电子政务中使用的 1970 台利用率低下的服务器虚拟化，逐步置换成高性能服务器，并根据系统服务器资源使用量实现服务器资源的动态分配。

（5）我国云计算产业政策

云计算是新一代信息技术的重要发展方向，我国希望在新一代信息技术领域实现创新突破、跨越式发展，制定了一系列配套发展政策。早在 2010 年 10 月，国务院就发布了《国务院关于加快培育和发展战略性新兴产业的决定》，将云计算列为战略性新兴产业之一；2012 年 5 月，工业和信息化部发布《软件和信息技术服务业“十二五”发展规划》，将“云计算创新发展工程”列为八个重大工程之一，强调以加快我国云计算服务产业化为主线，坚持以服务创新拉动技术创新，以示范应用带动能力提升，推动云计算服务模式发展；2012 年 9 月，科技部发布《中国云科技发展“十二五”专项规划》，这是我国首个部级云计算专项规划，对于加快云计算技术创新和产业发展具有重要意义。近几年来，我国云计算产业的宏观政策环境已经基本形成。2015 年 1 月，国务院发布的《关于促进云计算创新发展培育信息产业新业态的意见》是引导我国云计算市场最重要的政策之一。2017 年 4 月，工业和信息化部印发《云计算发展三年行动计划（2017-2019 年）》，提出到 2019 年，我国云计算产业规模达到 4300 亿元，突破一批核心关键技术，云计算服务能力达到国际先进水平，对新一代信息产业发展的带动效应显著增强。在这些政策的推动下，我国产生了具有世界竞争力的云计算公司，比如阿里云、华为云、腾讯云、中国电信天翼云等。

近几年，中国在 IaaS 市场具有一定的竞争力。在 2016 年，阿里云以 6.75 亿美元的收入进入前三，增速更是达到 126%，成为增长最快的厂商。根据阿里巴巴 2018 年第三季度财报，阿里云方面增长态势强劲，云计算收入同比增长 104%，达到 35.99 亿元。2017 年，阿里云累计收入约 112 亿元，成为国内首次出现百亿规模的云计算服务商，并在亚洲市场上遥遥领先。目前，所占市场份额为 4%，排全球第三，第一、第二分别为亚马逊 AWS 和微软 Azure，市场份额分别是 44.11% 和 7.13%。

国内云计算方面，已经初步形成了阿里巴巴、百度、腾讯等大型互联网企业和软件企业为主的云计算服务提供商，国内云计算龙头阿里云的市场占有率已达 30%，其次为中国电信和中国联通，而 AWS 中国 2016 年营业总收入仅为阿里云的十分之一，暂时位列 IDC 划分的中国公有云市场的第三梯队。

1.4.2 中国云计算产业发展基本状况

2010 ～ 2011 年，我国云计算产业尚处于导入和准备阶段，处于大规模发展的前夕。虽然各种类型的“公有云”和“私有云”的应用在市场上层出不穷，但云计算产业链、技术研发生态和应用仍不成熟，核心问题是缺少大型的云平台集成商。

2012 ～ 2014 年，我国云计算产业开始进入了“起飞”阶段。到 2015 年，在“互联网 +”政策和产业背景下，我国云计算产业更是逐步进入成熟和产业发展加速阶段，落地的应用突飞猛进，云计算产业链和生态逐步形成和完善。

近年来，随着政府、行业以及 ICT 产商的积极推动，云计算产业链也壮大和发展起来。在政府的监管下，云计算服务提供商与软硬件、网络基础设施服务商以及云计算咨询规划、交付、运维、集成服务、终端设备等厂商，构成和完善了云计算的产业生态链，国内大量提供云计算整体解决方案的大型公司，如阿里云、百度云、腾讯云、华为云以及各大电信运营商构建的云平台为政府、企业和个人用户提供了大量的云应用服务。

经过近十年的快速发展，我国云计算产业已成为信息产业快速发展的着力点，云计算市场保持了并将继续保持高速增长态势。一方面，对于这些处在成长期的广大中小企业而言，自己投资建立数据中心的投资回报率低，并且很难适用业务的快速成长需求，而云计算的多种服务模式，正好为这些中小企业提供了性价比更高的解决方案；另一方面，众多的服务器、存储硬件厂商以及软件与云计算服务厂商都希望通过云计算平台，以各种服务模式，将自己的产品与解决方案推广到政府和企业用户中，以便未来能获得更多的市场机会。

云计算有望整合产业链上中下游企业形成大联盟，云计算产业链的发展环环相扣，如同一个“金字塔”，从国内市场目前的情况来看，不同企业在金字塔的不同层级均有自己的产品定位：处于金字塔基座位置的是基础设施层，能按需弹性提供计算、存储、带宽等 IaaS 云基础设施服务，这是所有应用和平台的基础，也是云计算技术实力的集中层级；基

于基础设施之上的是应用开发提供接口和软件运行环境的平台层的 PaaS 服务；处于金字塔顶端的是应用层，提供在线的应用软件服务，即 SaaS 服务。

1.5 云计算的发展趋势

1.5.1 云计算技术发展趋势

云计算的发展经历了第一代虚拟化，第二代资源池化，正向第三代云计算技术前进，即基于微服务架构和 Docker 容器技术的 PaaS/SaaS 云平台，该平台主要是由微服务架构、Docker 容器技术和 DveOps 三部分组成。以容器驱动的新一代轻量级 PaaS 能够满足各种新型业务对快速部署、弹性扩展、自动化运维等的核心需求。Docker 的出现打破了传统运维模式从打包到部署的过程中环境、语言、平台不一致的乱象，将这一整套开发运维模式标准化，从而真正帮助企业实现 DevOps 和微服务化。

微服务以镜像的形式，运行在 Docker 容器中，Docker 容器技术让服务部署变得简单、高效。传统的部署方式需要在数量庞大的服务器上重复安装运行环境，而使用 Docker 容器技术，只需要将所需的基础镜像和微服务生成一个镜像，将这个镜像部署在 Docker 容器中运行，每个 Docker 容器中可以运行多个微服务。Docker 容器以集群的方式部署，使用 Docker Swarm 对这些容器进行管理。创建一个镜像仓库来存放所有的基础镜像以及生成的最终交付镜像，在镜像仓库中对所有镜像进行管理。业务人员只需要开发代码并提交到平台代码库，做一些必要的配置，系统就会自动构建、部署，实现应用的敏捷开发和快速迭代。

综上所述，PaaS/SaaS 将没有明显的界限，以容器为默认承载、微服务架构为支撑、打造企业级的 DevOps 数字化平台，将与以虚拟机为管理单元的 VMware、OpenStack 架构长时间并存。

1.5.2 云计算应用业务发展趋势

2006 年，亚马逊推出了 AWS 服务，正式拉开了全球云计算产业的大幕。目前，云计算产业已成为企业转型的核心驱动力。趋向成熟的云服务，正在改变固有的传统架构，带来业务革新的同时，也正在实现自我进步。未来云计算业务会有以下 5 个方面的发展趋势：

（1）行业云将是未来的发展重点

国内云服务市场生态环境已经逐渐形成，随着“互联网 +”的广泛应用，越来越多的用户开始使用云服务，中、小型企业与个人开发者往往会使用公有云，大、中型企业通过使用公有云巩固自己的私有云架构，大型政企往往会使用混合云来实现自己的需求。

（2）开源时代的到来

目前，云计算各个厂商没有形成统一的标准，虽然各个厂商的内部架构都是以面向服务的架构为基础，但是多个架构在混合的过程中，存在互不兼容问题，通过开源的云平台把各异的架构进行整合，形成统一的云平台架构，满足企业各种云服务的需求。事实上，开源已经变成一种云计算标准。

国内云计算企业在未来对开源的学习和引用将成为一种常态，将会有越来越多的人参与到开源生态圈的建设与发展中。企业在做私有云和公有云的混合部署中，从硬件的配置，到操作系统的选择、云端组件版本的匹配，都有严格的要求。未来的云计算应该统一标准，降低对硬件和各个云计算厂商的依赖，降低交叉学习和部署的成本。

（3）云将推动大数据的进步

当今社会，信息呈爆发式增长，大数据时代已经悄然来临，人们的任何行为都会以数据的形式表现出来。其特点是数据量庞大、单位价值低、数据类型多、数据呈指数增长。面对数据的飞速增长，云计算技术显得尤为重要。由服务器、存储、软件为底层构建的混合云，向着人工智能的方向发展，解决方案更加成熟。通过云交付的认知解决方案将继续改变各个行业的体验，带动教育、金融、证券、安保等行业实现创新。

（4）云安全变得更加复杂和重要

在大数据背景下，信息安全也面临着新的挑战。任何事物都有两面性，大数据在给人们的生产、生活带来便利的同时也威胁着人们信息的安全。因为大数据的存在，云安全变得比以往更加复杂。利用大数据，可以分析用户的行为和发现计算机的漏洞等，从而获取用户的敏感信息。

云安全需要一套完整的安全体系，包括技术和制度方面，完善的安全管理制度是云安全体系的重要屏障。在技术和制度的双重保证下，通过防御来增加安全的保障级别，而不是在安全事故发生后再采取措施。

在未来的云安全中，信息安全、服务安全、运维安全等方面将形成包括云安全产品、云安全运维、云安全管理在内的一套完整的云安全体系与架构。

云计算能够更快地识别和消除云端的安全漏洞。通过大量网状的客户端对网络中软件行为的异常状态进行监测，获取互联网中木马、恶意程序的最新信息，推送到云端进行分析和处理，从而将解决方案进行全网更新。

因此，认知安全将有助于弥补当前的技能差距，实现快速响应，极大地降低因安全事故带来的经济损失。

（5）传统 ICT 架构向云端迁移

随着云计算技术的发展，云计算强大的计算、存储、网络能力吸引着越来越多的企业从传统的 ICT 架构向云端迁移。迁移过程并不是一帆风顺的，需要考虑应用、数据、成本、管理与安全，需要决策者做出正确的选择。云计算为“大众创业、万众创新”提供了基础，云计算已经融入日常的生产生活，是推进产业战略转型和升级的重要驱动力量。

1.5.3 云计算与物联网、大数据、人工智能融合发展

有数据统计，未来云计算的超级计算机将由全球几亿部的手机、平板计算机、智能电视等智能终端组成的一个超大规模的分布式集群。未来的计算能力将来自手机等智能终端，把丢弃的或是经常处于闲置的设备组织在一起，高效地利用起来，提供对外的计算服务，只需手指控制，即可开始或停止计算。未来或许每个人都是云计算的一朵小云或者一个云角色，为服务他人开启自己的云计算模式。

未来的云计算将结合大数据，为人工智能时代的到来提供重要的技术支撑。人工智能中最重要的环节是机器将具有人类一样的自学习能力，这种自学习能力需要大量数据在后台做支撑，通过大量计算对数据进行处理和分析，最终做出合理的判断，模拟人类的思维，并提供各种服务。只有云计算才能为大数据的应用提供技术上的支撑，同时为其他行业提供各种方便、快捷的云服务。

随着云计算的不断发展，对大数据的分析和挖掘将带给人们更多、更好的智能体验，在工业制造、航天科技、基因工程、物联网等多个领域将开启新的智能时代，并带领人们进入全新的云计算时代。

2016 年 6 月，移动通信标准化团体 3GPP 宣布完成 NB-IoT 标准的制定工作，将其确定为物联网通信的全球统一标准。2016 年 11 月，3GPP 组织将华为的极化码（Polar Code）方案确定为 5G 短码的最终方案，这是中国在通信领域的标志性事件。5G 的速度比 4G 更快（峰值速率可达几 Gbit/s），并具备高性能、低延迟与高容量等特性。5G 作为物联网通信的标准，将为物联网的发展开启新的时代。外界普遍认为，到 2020 年，全球物联网设备将达 260 亿台，市场规模将达 1.9 万亿美元，到 2025 年，该市场规模将高达 11.1 万亿美元。

未来五大科技趋势是“物大云智移”（即物联网、大数据、云计算、人工智能、移动互联网）。未来物联网时代才是真正产生大数据的时代，依据物联网的行业大数据，依托云计算和开源的人工智能算法，对超海量数据进行分析和挖掘，提供更有价值的商业服务，开启真正的人工智能时代。通过云计算对物联网的数据进行分析和挖掘，提供人工智能的大数据平台，只有物联网的大数据平台才能促使人工智能形成质的飞跃。它们之间的关系是物联网产生大数据，云计算运用大数据分析和挖掘产生有价值的数据，智能设备在使用云计算处理的数据后变得具有人类的意识和思维。

未来的公路，建筑、路灯、护栏、道路标识线等都遍布信号探测器。智能汽车时刻与道路探测器和其他汽车进行高速信息交换，随着智能汽车的图像识别能力日益成熟，道路的全面物联网化，汽车将实现无人驾驶，而且比人类驾驶汽车更安全、快捷。

基于云计算的物联网必将引发一场新的技术与商业革命，把人类推向一个万物智能的世界，任何事物都有学习、发现、倾听、感知的能力。它将颠覆人与物之间的相处模式，借助科技的力量改变人们的生活。

本\章\小\结

云计算是一种按使用量付费的新型商业模式，各种 ICT 软硬件资源，如网络、服务器、存储、应用软件等，以资源池的形式，满足各类不同需求的用户。用户可以随时随地、动态可变地申请使用这些资源，这些资源能够被快速提供，只需投入很少的管理工作，就能实现信息化管理应用、云计算产品研发、数据处理等方面的应用。如同用水、电、煤气一样方便。无需采购产品，将原来的产品模式转化为功用模式，即采购的是服务，这大大节省了项目建设的时间、管理和运维成本。

云计算支撑技术主要包括分布式计算（网格计算）、并行计算、效用计算、网络存储、虚拟化、负载均衡、热备份冗余等技术，将大量分布在网络上的计算资源、存储资源和网络资源集中管理起来，形成各种资源池，为用户提供计算资源按需、弹性分配，极大提高了 ICT 资源的效能。

云计算具有超大规模系统组成、虚拟化资源池管理、高可靠性和高可用性等诸多特点。从服务用户的角度划分，云计算主要由三层架构组成，即基础设施即服务（IaaS）、平台即服务（PaaS）和软件即服务（SaaS）。其中 IaaS 是为大型用户提供包括服务器、存储、网络及系统软件和支撑软件在内的整体 ICT 系统，但系统建设、管理和运维仍由云服务提供商负责；PaaS 主要是面向云计算软件开发者，提供中间件、接口库、开发平台和工具以及数据库平台等，用户可以依托云服务商提供的线上线下开发环境、中间件、接口等产品，开发云服务软件，提供给 SaaS 层面的用户；SaaS 主要面向云终端用户，为用户提供网络信息化管理方面的应用系统，用户无需自己采购、安装和维护这些软件，经过培训即可在网上使用这些系统。

云计算与物联网、大数据、人工智能融合发展是大势所趋，也是未来电子信息技术产业发展的方向，各国都在抢占这些技术的战略制高点，其中云计算是这些技术发展的重要支撑。

\习\题\

一、选择题

1．谷歌提出云计算概念的时间是（　　）。

A．2006 年 8 月　　B．2006 年 9 月

C．2007 年 8 月　　D．2007 年 9 月

2．云计算能够给企业 IT 系统带来的价值有（多选）（　　）。

A．资源复用，提高资源利用率　　B．统一维护，降低维护成本

C．快速弹性，灵活部署　　D．数据集中，信息安全

3．把一个需要巨大计算能力才能解决的问题分成多个小部分，把这些小部分分配给多

个计算机进行处理，最后综合这些计算结果得到最终结果，这种计算模式被称为（　　）。

A．并行计算　　B．分布式计算
C．网格计算　　D．云计算

4．分布式存储的好处是（多选）（　　）。

A．分布式全局共享　　B．多备份安全保障
C．低成本存储介质　　D．高速网络带宽

5．以下哪个不属于大数据的基本特征（　　）。

A．种类繁多　　B．体量巨大　　C．价值密度高　　D．处理速度快

二、判断题

1．云计算是一种基于互联网的计算方式，通过这种方式共享的软硬件资源和信息，可以按需求提供给计算机和其他设备。（　　）

2．云计算是网格计算、分布式计算、并行计算、网络存储、虚拟化、负载均衡等传统计算机和网络技术发展融合的产物。（　　）

3．云计算数据中心相比较于传统的紧耦合型数据中心会增大南北向流量。（　　）

4．小聚大模式：应用资源需求大，可以划分为子任务，关键技术点包括任务分解、调度、分布式通信总线和全局一致性。典型代表是 Amazon。（　　）

5．IT 即服务，云计算就是建设信息电厂提供 IT 服务。云计算是通过互联网提供软件、硬件与服务，并由网络浏览器或轻量级终端软件。（　　）

6．并行计算是把一个计算任务分配给网络内的多个运算单元。（　　）

三、简答题

1．简述什么是云计算，列出至少三项云计算支撑技术。

2．简述云计算的 5 种优势。

3．简述 Google 云计算技术基础架构。

4．简述云计算 3 种商业模式的特点和层次关系。

拓\展\项\目

项目名称：以“腾讯微云”为平台（https://www.weiyun.com/），申请注册自己的存储账户，或直接使用微信、QQ 账号登录，完成文件的上传下载，体验云存储提供的各项服务。

背景知识：大量的个人文件需要保存，个人计算机、U 盘或移动硬盘尽管可以存储足够多的文件，但携带不方便，随时使用这些信息也不方便。同时，为了防止误删、损坏等操作而造成文件丢失，也需要留有备份。作为公有云的云存储系统提供了非常实用和方便的平台，可以满足以上需求。

操作提示：

步骤 1：打开“腾讯微云”，如图 1-8 所示。

图 1-8 腾讯微云服务平台

步骤 2：新用户注册或直接使用 QQ、微信账户登录，如图 1-9 所示。在登录窗口可以进行文件的上传、下载等一系列操作。

图 1-9 腾讯微云操作界面

Chapter 2

第2章 云计算的类型与应用

“12306”

很多人使用 12306 火车票购票系统在线上购买火车票，遇到假期、春运等购票高峰时，网站的压力就会非常大。12306 火车票购票系统就是一套典型的云计算应用系统，如图 2-1 所示。

12306 网站于 2010 年 1 月 30 日开通并进行了试运行。用户在该网站可查询列车时刻、票价、余票、代售点、正晚点等信息。为解决网站的购票压力，12306 火车购票网站与阿里云合作，由阿里云提供计算服务，以满足业务高峰期查票检索需求，而支付等关键业务在 12306 自己的私有云环境之中运行。两者组合成一个新的混合云，对外呈现还是一个完整的 12306 火车购票网站。

采用阿里云技术，12306 把余票查询系统从自身后台分离出来，在“云上”独立部署了一套余票查询系统，已超过 75% 的余票查询系统迁移至阿里云计算平台上，余票查询环节的访问量近乎占 12306 网站的九成流量，这也是往年造成网站拥堵的最主要原因之一。把高频次、高消耗、低转化的余票查询环节放到云端，而将下单、支付这种“小而轻”的核心业务留在 12306 自己的后台系统上，大大提升了票务处理的效率和稳定性。

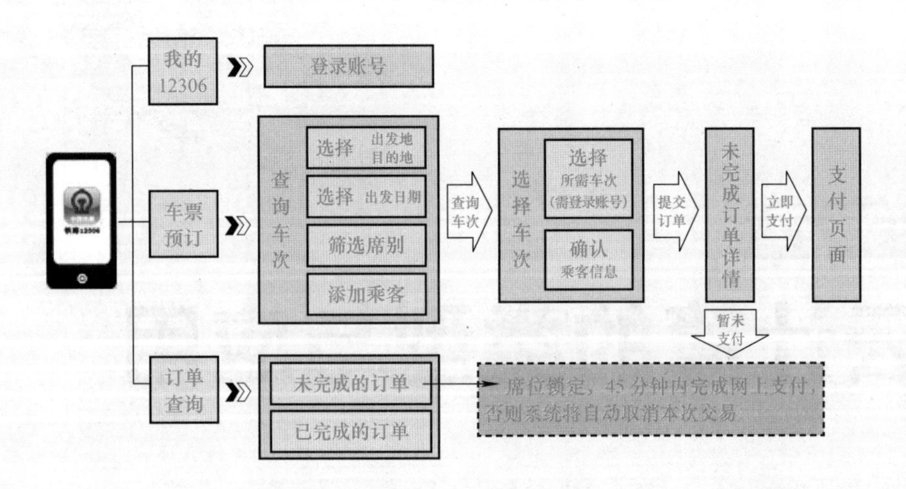

图 2-1　12306 客户端购票流程

本章导读

随着信息技术的不断发展，不同业务用户需要不同的云计算服务，因此，云计算开发商、运营商开发出了不同类型的云计算服务产品。从运营模式、服务模式等方面可以划分不同的分类。

目前，云计算市场，国外的产品有亚马逊AWS（Amazon Web Services）、微软Azure和Google的云平台等，其中，亚马逊AWS是最大、最成熟的公有云提供商，它是市场的领导者和开创者；微软Azure紧跟其后，借助Azure和Office 365提供可信赖的基础云服务；Google一直致力于互联网新科技、新技术的创新，尤其在搜索、大数据处理、互联网应用等方面处于领导地位。

国内知名的云计算提供商有阿里云、华为云、腾讯云、百度云、网易云、京东云等，引领国内云计算技术与应用的开拓和发展，并通过开源平台，实现与国外产品的兼容和产品技术的同步提升。

以上这些公司，都有各自的优势产品和发展方向，开发了不同类别的云产品和云服务，比如 SaaS、PaaS和IaaS以及私有云、社区云、公有云和混合云等，以满足用户对云计算不同的业务需求。

学习目标

1. 理解云计算的类型
2. 理解面向不同业务用户云计算分类的意义
3. 了解国内外云计算服务提供商的产品特点和面向的用户类型
4. 通过案例了解不同类型的云计算建设方案的特点

2.1 按运营模式分类

2.1.1 公有云

公有云通常由第三方运营，用户不需要自己构建硬件、软件等基础设施和后期维护，用户以付费的方式根据业务需要弹性使用 IT 分配的资源，使用互联网终端或移动互联设备接入使用。公有云面向众多用户，以低廉的价格提供相应的服务，如同日常生活中按需购买使用的水、电一样，用户可以方便、快捷地享受服务。

公有云的代表产品有亚马逊云 AWS、微软云 Azure、阿里云等。AWS 提供了大量基于云的全球性产品，包括计算、存储、数据库、分析、联网、移动产品、开发人员工具、管理工具、物联网、安全性和企业级应用程序。亚马逊 AWS 提供了安全、可靠且可扩展的云服务平台，这些服务可帮助企业或组织快速发展自己的业务，降低 IT 成本，使众多客户从中获益。

2.1.2 私有云

私有云是一个企业或组织专用的云服务平台。私有云在物理上位于组织内部的云数据中心，也可委托第三方专业机构负责运维，但是在私有云中，服务和基础结构始终在私有网络上进行维护，硬件和软件专供组织使用。这样，私有云可使组织更加方便地自定义资源，从而满足特定的内部 IT 需求。私有云的使用对象通常为政府机构、金融机构以及其他具备业务关键性运营且希望对环境拥有更大控制权的中型到大型组织。

近几年来，随着软件定义网络、软件定义存储、软件定义数据中心等概念的兴起，超融合基础架构市场持续升温，将成为主导未来数据中心及企业私有云的中坚力量。

代表产品有 VMware vCloud Suite、微软的 System Center 2016、华为 FusionCloud 等。

（1）VMware vCloud Suite 私有云方案

VMware vCloud Suite 是一款企业级私有云软件，它结合了行业领先的 VMware vSphere hypervisor 和 VMware vRealize Suite 云计算管理平台。VMware 是全球领先的虚拟化解决方案提供商，作为 IT 领域和虚拟化技术的全球领导者，VMware 虚拟化解决方案可对用户的硬件资源进行有效地整合，简化管理，提升硬件资源的利用率。

VMware vCloud Suite 是构建企业云平台的解决方案，可构建和管理基于软件定义数据中心的 VMware vSphere 企业私有云。VMware vSphere 是业界领先的虚拟化平台，实现高可用的、可扩展的并按需分配的企业硬件 IT 基础架构，是云计算理想的基础平台。它能够跨数据中心，提供虚拟化解决方案，可在简化 IT 操作的同时，为所有应用提供 SLA（Service-Level Agreement）等级服务。它有助于对企业私有云实现敏捷、高效以及智能化的运营管理，在保证适当的安全性和可用性情况下，在数分钟内提供数据中心的虚拟化应用服务。VMware vCloud Suite 通过对底层服务器硬件及存储资源的虚拟化聚合部署，配合云计算管理平台，实现云计算中基础架构即服务（IaaS）部分，同时该 IaaS 平台也为更高层次的云计算服务，如 PaaS、SaaS 服务提供了良好的基础平台，且具有很高的自适应性和扩展空间。

（2）Microsoft System Center 2016 私有云

System Center 2016 提供了本地企业环境与 Windows Azure 集成的各种服务，可以让企业轻松地从本地环境迁移到微软 Azure 公有云。它包括基础设施管理和 DevOps 的资源配置、监控、自动化、端点保护和备份与恢复。System Center 2016 有助于数据中心现代化的转型。System Center 2016 中的操作管理套件（Operation Management System，OMS），提供与任何数据中心或云平台混合部署的功能，管理几乎所有的基础设施平台，包括本地资源、Azure 和 Amazon Web 服务云，支持运行 Windows Server、Linux、VMware 或 OpenStack。

System Center 2016 是微软提供的私有云操作平台，实现了企业的数据中心向私有云转型，使企业数据中心更可靠、可扩展、弹性地满足企业不断增长的业务需求。

（3）华为 FusionCloud 私有云

FusionCloud 全球表现优异，目前服务于全球 150 多个国家和地区超过 4000 家用户，覆盖政府及公共事业、运营商、能源、金融等多个行业，在网运行超过 300 万台虚拟机、110 万桌面云用户，并成为中国市场的领跑者。

华为 FusionCloud 私有云解决方案的主要特点如下：

1）统一架构。与华为公有云统一架构、统一服务 API、统一用户体验，支持应用跨云混合部署和平滑迁移，保障企业业务未来无缝演进。

2）丰富服务。提供 30 多种各类云服务，客户可轻松地通过 FusionCloud 云平台灵活申请，快速部署业务上云，共享华为公有云丰富的新增服务。

3）开放架构，繁荣生态。提供开放的标准 OpenStack API，与各行业合作，适配各行业客户应用需求，构建繁荣的行业应用生态和开放的云生态系统。

2.1.3 混合云

混合云是公有云和私有云两种服务方式的结合。由于安全和控制原因，并非所有的企业信息都能放置在公有云上。企业为节省投资、运维成本以及共享资源的利用，将选择同时使用公有云和私有云。混合云也为其他目的的弹性需求提供了一个很好的基础。如图 2-2 所示。

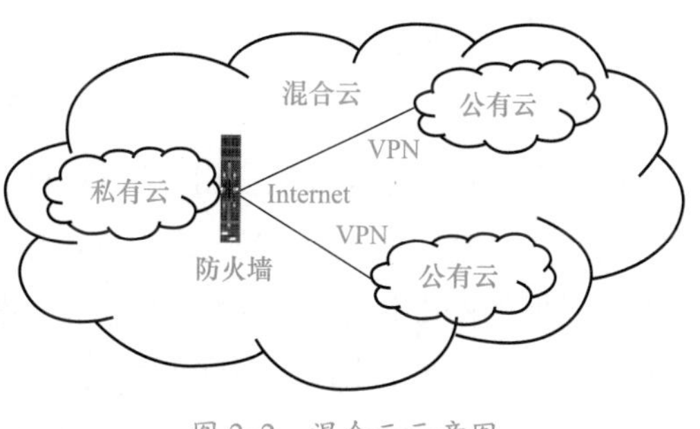

图 2-2 混合云示意图

混合云是未来云发展的方向。混合云既能利用云提供商投入巨大的IT基础设施，又能解决公有云带来的数据安全等问题，比如灾难恢复。这意味着私有云把公有云作为灾难转移的平台，并在需要的时候去使用它。混合云强调基础设施是由两种或多种云组成的，但对外呈现的是一个完整的运行系统。企业可以把重要数据保存在自己的私有云里面，把不重要的信息或需要对公众开放的信息放到公有云里。

代表产品有OpenStack、阿里云、腾讯云、百度云等。

2.2 按服务模式分类

按照服务模式可将云计算分为基础设施即服务（Infrastructure as a Service，IaaS）、平台即服务（Platform as a Service，PaaS）和软件即服务（Software as a Service，SaaS）。

2.2.1 基础设施即服务

基础设施即服务（IaaS）是对用户提供业务所需要的ICT资源，管理员等技术团队利用云服务商提供的这些基础设施，为客户进行业务的部署或开发。服务提供商提供给用户的服务是计算和存储基础设施，包括CPU、内存、存储、网络和其他基本的资源。用户在这些基础设施上可以部署和运行所需的业务软件和系统软件，如操作系统和应用程序等。用户不管理或控制任何云计算基础设施，但能控制操作系统的选择、存储空间和部署的应用，也可获得有限的网络组件（如路由器、防火墙、负载均衡器等）的控制。

2.2.2 平台即服务

平台即服务（PaaS）主要面向专业软件开发人员。PaaS将软件研发的平台做为一种服务，以软件即服务（SaaS）模式交付给用户。PaaS是把二次开发的平台以服务形式提供给开发软件的用户使用，开发人员不需要管理或控制底层的云计算基础设施，但可以方便地使用很多在构建应用时的必要服务，能控制部署的应用程序开发平台。因此，PaaS也是SaaS模式的一种应用。但是，PaaS的出现可以加快SaaS的发展，尤其是加快SaaS应用的开发速度。

2.2.3 软件即服务

软件即服务（SaaS）的客户群体是普通的终端用户。用户通过各种终端登录服务门户，使用相关应用系统，并按照使用量支付费用。用户不需关心应用如何实现，以及运行在什么样的硬件平台上，也不用考虑运维等问题。

服务提供商提供给用户的服务是运行在云计算基础设施上的应用程序，用户只需要通过终端设备接入使用即可，简单方便，不需要用户进行软件开发，也无需自己管理基础设施资源。如Office 365、嘀嘀打车、共享单车等应用软件都属于SaaS。在云平台上，Office

365 把 Word、Excel、PowerPoint 等 10 多个应用软件集成为企业所需的办公云平台，它不仅可以在线使用，还可以下载到本地以客户端形式使用，是一套完整、容易入门、性价比高、支持混合部署、支持自定义的办公解决方案。

2.3 云计算产品简介

目前云服务产品种类很多，服务类型也很多，尚未有统一的国际标准。国内外产品提供商都有其产品优势和特点，可提供诸如基础设施服务、弹性计算服务、大数据处理服务、安全云服务以及数据的备份和容灾服务等。国外技术比较领先的公司和产品有 Google 云计算、亚马逊的 Amazon Web Services 和微软的 Azure 等，国内云计算市场占有率位居前列的有华为云、阿里云、腾讯云等。

云计算技术发展非常快，主要包括资源整合型云计算和资源切分型云计算两类技术方案。

1）资源整合型云计算：技术方案为集群架构，通过将大量节点的计算资源和存储资源整合后实现跨节点、弹性化的资源池构建，其核心技术为分布式计算和存储技术，如 Hadoop、Spark、Storm 等云计算产品。

2）资源切分型云计算：这种类型的云计算系统最为典型的就是虚拟化系统，通过系统虚拟化实现对单个服务器资源的弹性化资源切分，提高服务器的资源利用率，其核心技术为虚拟化技术。其优点是整个计算平台实现以文件的形式在整个网络中进行迁移、备份等操作，为软件定义硬件提供必要条件，是目前应用较为广泛的技术，特别是在桌面云计算上的应用较为成功，缺点是跨节点的资源整合代价较大。KVM、Xen、VMware 是这类技术的代表。

以下是具有以上技术的代表性云计算公司和产品简介。

2.3.1 Google 云计算

Google 的云计算主要由 MapReduce、Google 文件系统（GFS）和 BigTable 组成，它们是 Google 云计算基础平台的 3 个主要部分。Google 还开发了可应用在 SaaS、PaaS 和 IaaS 不同商业模式上的其他云计算组件。

在 SaaS 层，主要包括网页搜索、图片搜索、视频搜索和学术搜索等搜索服务，Google Map、Google Earth 和 Google Sky 等地理信息服务，视频服务 YouTube，云存储服务 Google Drive，图片管理工具 Picasa，办公协作工具 Gmail、Google 日历和 Google Docs 等产品。

在 PaaS 层，Google App Engine 提供一整套开发组件，让用户轻松地在本地构建和调试网络应用，之后能让用户在 Google 强大的基础设施上部署和运行网络应用程序，并自动根据应用承受的负载对应用进行扩展，免去用户对应用和服务器等的维护工作，同时提供大量

的免费额度和灵活的资费标准。

在 IaaS 层，Google 也推出了类似 AmazonS3 的名为 Google Storage 的云存储服务。

2.3.2 Amazon 云计算

2006 年，Amazon Web Services（AWS）以 Web Service 的形式向企业提供 IT 基础设施服务，即按需分配资源的弹性计算能力的云服务。企业可以根据业务需求申请相应的基础设施，而无需购买软硬件设备，在几分钟内创建成百上千台服务器来解决业务需求。

AWS 提供高度可靠、可扩展、低成本的基础设施云平台，为全球 190 多个国家和地区的几千家企业提供支持。亚马逊提供了大量基于云的全球性产品，包括亚马逊弹性计算云（Elastic Compute Cloud，EC2）、亚马逊简单储存服务（Amazon Simple Storage Service，AmazonS3），亚马逊简单数据库（Amazon Simple DB），亚马逊简单队列服务（Amazon Simple Queue Service）以及内容分发网络（Amazon Cloud Front）等，涵盖了 IaaS、PaaS 和 SaaS。

AWS 分布在世界各地的数据中心为业务的全球化服务提供了强有力的支持，帮助企业解决全球化业务的问题。

2.3.3 微软云计算

Microsoft Azure 是微软提供的全面支持 IaaS、PaaS 和 SaaS 的完整云架构平台，提供公有云、私有云及混合云解决方案，为企业快速构建、部署并管理企业的各种应用提供解决方案，提供安全、稳定、便捷的公有云平台，并且能够将本地环境和公有云平台进行集成，提供混合部署的功能。

在网络接入方面，国内世纪互联运营的 Microsoft Azure 的数据中心通过边界网关协议（Border Gateway Protocol，BGP）直接连接多家主流运营商的省级核心网络节点，可为用户提供高速稳定的网络访问体验，达到最佳的网络性能体验。

Azure 为企业提供了一个开放的平台，具备客户开发新的解决方案所需的灵活性和安全性特点，实现实时数据洞察力、增强工作生产力和移动性并交付个性化的客户体验。Azure 重视客户的信任，客户的数据隐私和安全是其最关心的问题之一。Azure 在安全性、隐私保护、合规性和透明度方面努力保持业界领先地位。

Azure 平台提供各种服务器操作系统、各类编程语言、框架、软件包、开发工具、数据库以及客户端等，使用 JavaScript、Python、.NET、PHP、Java 和 Node.js 开发应用，生成适用于 iOS、Android 和 Windows 设备的各种应用程序。Azure 提供最高 99.99% 的服务级别协议，快速部署各种应用服务，满足所有业务需求，节省运营成本，让企业专注核心业务。

2.3.4 阿里云计算

阿里云（https://www.aliyun.com/）成立于 2009 年 9 月 10 日，在中国公有云市场份

额排名前列，处于国内公有云服务商领先的位置。阿里云依托强大的基础设施，遍布全国500多个CDN节点，提供优质的网络安全服务，提供运营商多个BGP接入，使用户访问网络均有同样优质的用户体验。阿里云在国内有规模最大的数据中心集群，提供弹性计算服务、大数据计算服务，提供分布式TP或PB级的海量数据处理，在云安全领域有全球首张云安全认证，其产品云盾为淘宝、支付宝等提供安全服务，为云安全保驾护航。阿里云的主要功能包括：

（1）弹性计算

弹性计算服务（Elastic Compute Service，ECS）是基于阿里云平台提供的大规模分布式计算系统，通过KVM或Xen虚拟化技术共享IT资源，可弹性伸缩、简单高效地为客户提供互联网基础设施服务。云服务器分布在不同的地域和可用区，由多个产品组成包括实例、磁盘、快照、镜像、网络安全组合虚拟专用网络等，并提供ECS的API接口为客户提供二次开发。常用的配置包括1核CPU、40GB硬盘、1G内存等。它有两种计费模式，一是按时付费（包年或包月），二是按量付费。弹性计算是阿里云中的主要服务模式，是弹性计算的应用框架。

（2）大数据

关系型的云数据库服务（Relational Database Service，RDS）基于飞天分布式系统和SSD盘的高性能存储，支持4种传统的SQL Server、MySQL、PostgreSQL（开源数据库）、PPAS（兼容Oracle的开源数据库）数据库引擎，具有主备架构、异地容灾、自动备份、在线迁移、实时监控及报警等功能，并提供API进行二次开发。云数据适用于结构化数据较强、数据量较轻和传统数据库兼容性较好的场景，可以结合DRDS中间件基于飞天系统（Apsara是由阿里云自主研发、服务全球的超大规模通用计算操作系统）解决分布式大数据存储问题。

对象存储（Object Storage Service，OSS）是一种海量的非结构化分布式存储服务，特别适合存储非结构化的音视频文件、图像、日志等，单个文件的存储能力可达到48.8TB，对象中的数据以键值对的形式存储在文件中，逻辑结构类似于目录中的树形结构，可以直接用URL访问。

大数据计算服务（MaxComputer）是阿里云提供分布式TP或PB级别的海量数据处理服务，类似于Hadoop架构，它提供Graph MapReduce分布株式编程模型，具有自定义函数、类SQL的开发语言和数据的导入、导出等功能，为数据分析、数据挖掘、商业智能等领域提供服务。

（3）云安全

阿里云安全提供信息安全、服务安全、运维安全等保障。云盾产品获得云安全国际认证、信息安全管理体系国际认证ISO27001、可信云服务认证等多个国际级别的安全认证。在保障自身产品（如淘宝、支付宝等金融产品）的云安全的同时积累了大量的云安全方面的经验。

云盾比任何云计算厂商提供的云安全都更具有说服力，它包括 DDoS 防护、网络流量监控、主机入侵防护、多组合隔离、VPC 隔离、操作系统加固、内核防止入侵、漏洞修复、堡垒机、双因素认证、应用防火墙、数据加密、数据库审计等功能。

2.3.5 华为云计算

华为是全球领先的信息与通信解决方案供应商，是世界 500 强企业、中国民营企业 500 强之一。华为云以全球领先的研发创新能力为用户打造专业、安全、可信的云计算产品。包括以公有云为平台的云服务产品，如计算服务、存储服务，网络服务、云安全、软件开发服务等；针对企业 IT 的不同场景，为企业提供完整高效、易于构建、开放的云计算解决方案，为用户提供了弹性、自动化的基础设施、按需的服务模式和更加敏捷的 IT 服务，包含数据中心虚拟化解决方案、桌面云解决方案等产品。

华为云的主要功能包括：

1）FusionSphere 是基于 OpenStack 架构的云操作系统，具有强大的虚拟化功能和资源池管理，帮助客户水平整合数据中心的物理和虚拟资源，垂直优化业务平台，让企业的云计算建设和使用更加简捷。

2）FusionInsight 是企业级大数据存储、查询和分析的统一平台。它以海量数据处理引擎和实时数据处理引擎为核心，让企业从各类繁杂无序的海量数据中发现全新的商机。

3）FusionStorage 分布式存储系统，是为了满足云计算数据中心存储基础设施需求而设计的一种分布式块存储软件，可以将通用 X86 架构的服务器本地 HDD、SSD 等存储介质通过分布式技术组织成一个大规模存储资源池，对上层的应用和虚拟机提供标准的 SCSI 和 iSCSI 接口，类似一个虚拟的分布式 SAN 存储。

4）FusionCube 超融合一体机，融合计算、存储、网络、虚拟化、管理于一体，具有高性能、低时延和快速部署等特点，并内置华为自研分布式存储引擎，深度融合计算和存储，消除性能瓶颈，灵活扩容，支持业界主流数据库和业界主流虚拟化软件。

2.4 云计算应用案例

12306 火车票购票系统（见图 2-3）是典型的混合云计算方案。12306 购票网站最初是私有云计算，消费者平时用 12306 购票没有问题，但是一到节假日（如春节）有大量购票需求的时候，消费者在购票的时候就会遇到页面响应慢或者页面报错的情况，甚至还会出现无法付款的情况，用户体验特别差。为了解决上述问题，12306 火车购票网站与阿里云签订战略合作，由阿里云提供计算服务，以满足业务高峰期的查票检索服务，而支付等关键业务在 12306 自己的私有云环境之中运行。两者组合成一个新的混合云，对外呈现还是一个完整的 12306 火车购票网站。

图 2-3　12306 线上服务平台

12306 被认为是“全球最忙碌的网站”。如此繁忙的系统没有使用上的问题，其核心就是采用了混合云架构技术，为系统稳定、高效运行提供了技术支撑。

这些技术措施体现在：

1）利用外部云计算资源（阿里云）分担系统查询业务，可根据高峰期业务量的增长按需及时扩充。

2）通过双中心运行的架构，系统内部处理容量扩充一倍，可靠性得到有效保证。

3）对系统的互联网接入带宽进行扩容，并可根据流量情况快速调整，保证高峰时段的旅客顺畅访问网站。

4）防范恶意抢票，通过技术手段屏蔽抢票软件产生的恶意流量，保证网站健康运行，维护互联网售票秩序。

5）利用云计算虚拟化、分布式计算和并行计算等相关技术，当服务器 CPU 到达高位时，可以快速从资源池获取虚拟机资源来分摊负荷。 网络设备、Web 服务器、应用服务器都可以做弹性快速扩展。同时，利用分布式、并行计算技术，实现票务快速处理的一致性、稳定性和实时性。

12306 在阿里云上部署车票查询服务，通过策略配置可随时将车票查询流量分流至公用云，以缓解在售票高峰期网站的处理资源和带宽压力。同时，12306 互联网售票系统采用虚拟化技术实现了一中心和二中心的双活架构，两个中心采取相同的部署，互为备份，各自拥有独立的 Web、AS、排队系统、缓存服务集群、车票查询集群、用户数据集群、交易中间件和电子客票库。正常情况下双中心同时在线提供服务，其中任意一个中心发生故障时可由另外一个中心承载全部的售票业务。

这些措施的核心就是要将铁路主管部门的私有云和有强大技术支撑与运维能力的阿里云进行融合，构建一套分工协作、高效稳定的混合云平台，从而保障了这套最繁忙系统的可靠运行。

本\章\小\结

本章主要讲解了云计算分类以及每种类型的特点、典型产品和实用案例。

从云计算运营模式划分，可以分为：面向大众和行业服务的公有云、面向私有客户服务的私有云以及面向前两者需求提供服务的混合云。

公有云提供一个开放的面向大众用户的云服务平台，通过申请注册，可付费或免费使用云上的资源，还能够整合上游的服务（如增值业务，广告）提供者和下游最终用户，打造新的价值链和生态系统。

私有云是一个相对封闭的网络系统，其服务和运维在私有网络上进行，其资源也是面向组织内部使用。

混和云是由公有云和私有云构成。企业在使用私有云的过程中，考虑资源的安全存储、获取公有云共享资源等需求，可以采用私有云和公有云混合服务模式，从而满足企业经营、管理与资源备份等业务的需求。

云计算按服务模式划分，可以分为基础设施即服务（IaaS）、平台即服务（PaaS）和软件即服务（SaaS）。

基础设施即服务（IaaS），是对用户提供业务所需要的 ICT 资源，管理员等技术团队利用云服务商提供的这些基础设施，为客户进行业务的部署或开发。服务提供商提供给用户的服务是计算和存储基础设施，包括 CPU、内存、存储、网络和其他基本的资源。

平台即服务（PaaS），是为软件开发商或个人提供软件开发的资源平台，如数据库、中间件软件、开发工具等，将软件研发的平台做为一种服务，用户依托该平台可以开发基于云计算应用的软件，为上层即 SaaS 客户提供软件服务。

软件即服务（SaaS）：用户从云服务商提供的云平台上，在线或离线付费或免费申请使用应用软件资源。一般在公有云服务平台上，可以获得企业或个人所需要的应用系统，而无需自己采购和开发有关软件，是目前企业或个人使用云服务资源的普遍选择。

云计算技术种类较多，主要包括资源整合型和资源切分型两类技术方案。代表企业有 Google、亚马逊、VMware、华为、阿里云等。

\习\题\

一、填空题

1．公有云通常由______运营，不需要自己构建硬件、软件等基础设施和后期维护；用户以付费的方式使用 IT 分配的资源，使用______接入使用。

2．私有云是一个______或组织______的云服务平台。

3．云计算按运营模式分类，包括______、______和______。

4．云计算技术对基础设施资源的处理主要有两类实现方案，即______和______。

5．Google 的云计算架构中，核心组件包括______、______和 BigTable。

二、简答题

1．分别举例说明公有云、私有云和混合云的特点。

2．云计算按服务模式划分包括哪几类？

3．AWS 主要提供哪些云服务？

4．华为云主要包括哪些产品？

拓\展\项\目

项目名称：如何利用公有云服务平台搭建企业信息化管理系统。

背景知识：假如要开设一家公司，需要专业办公软件、信息化管理和业务处理方面的系统，建议到云计算服务商提供的“云市场”上选购自己所要的业务管理系统，如阿里云（https://www.aliyun.com/）。采用 SaaS 的商业模式，在云平台上购买使用相关软件和技术支持等服务。

模拟自己成立一家公司，在阿里云或腾讯云上申请相关云服务产品，如“云上办公”，了解并熟悉云服务平台，快速构建自己的业务系统，为自主创业积累相关知识和技能。

操作提示：

步骤 1：要购买或免费使用这些产品，需要在阿里云上注册用户，或直接使用淘宝等其他已经注册过的账户登录，并完成账户实名认证，如图 2-4 所示。

图 2-4　阿里云用户实名认证

步骤 2：选择“个人实名认证”，在弹出的窗口中选择费用支付方式，例如，选择“个人支付宝授权认证”，如图 2-5 所示。

图 2-5 认证方式选择

步骤 3：完成实名认证并登录阿里云后，即可到“云市场”中选购所需产品。

步骤 4：在打开的阿里云主页面中选择“云市场”→“财务软件”，如图 2-6 所示。

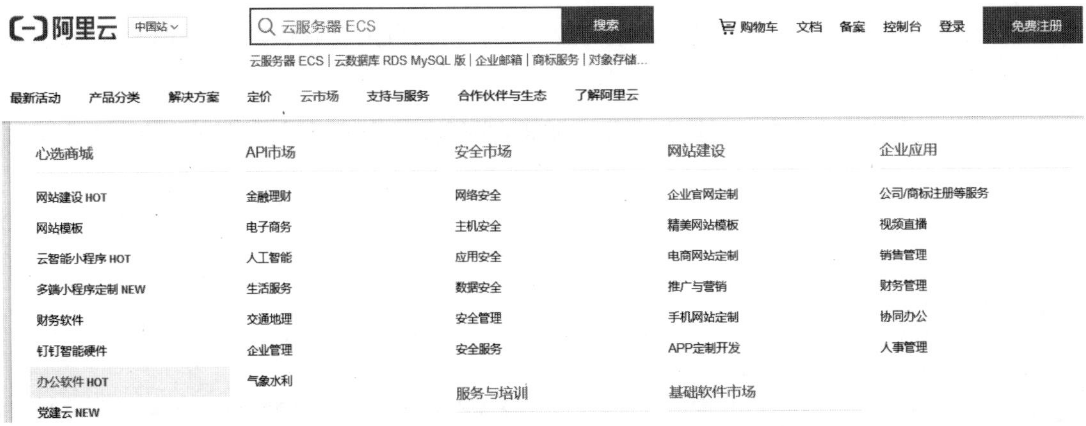

图 2-6 阿里云超市

云服务市场如同超市一样，提供各行各业所需要的信息化管理系统、软件工具和基础设施等商品，几乎应有尽有，涵盖云上办公、企业资源计划管理系统、人力资源管理系统、市场营销、产供销存等方面的企业信息化管理系统，这些系统和服务基本是以 SaaS 方式提交。

步骤 5：在弹出的窗口中，显示当前一款财务软件，如图 2-7 所示。

步骤 6：选择“立即试用”，进入信息确认窗口，如图 2-8 所示。

步骤 7：确认订单后选择支付方式，可使用支付宝等方式完成支付，如图 2-9 所示。

心选热销 网站建设 小程序 企业智能营销 财务软件 办公软件 党建云 安全 人脸识别 智慧校园

财务软件

智能云财务好会计 免费试用

帮助企业降低税务风险，少交冤枉税

随着2018年金税三期再升级，税务机关对企业的稽查力度和税控强度前多，好会计作为市面上唯一一款提供了提供税负检测工具智能云财务产品指标与金税三期保持一致，降低了企业税务风险，合理降低企业税负。

¥0 /30天

立即试用 财务专家热线

4008005185-13729

图 2-7　所选财务软件

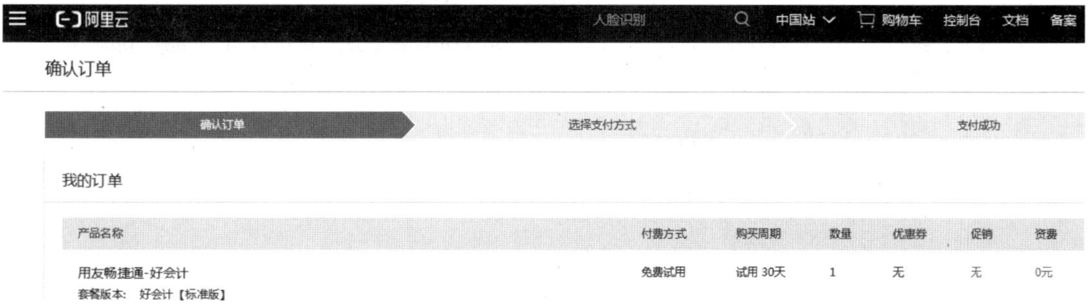

阿里云 人脸识别 中国站 购物车 控制台 文档 备案

确认订单

确认订单 选择支付方式 支付成功

我的订单

产品名称	付费方式	购买周期	数量	优惠券	促销	资费
用友畅捷通-好会计 套餐版本：好会计【标准版】	免费试用	试用 30天	1	无	无	0元

图 2-8　信息确认

阿里云 中国站 云服务器 ECS 搜索 购物车

最新活动 产品分类 解决方案 定价 云市场 支持与服务 合作伙伴与生态 了解阿里云

| 支付

确认订单 支付

恭喜，支付成功！

您订购的商品正在努力开通中，一般需要1-5分钟。

管理控制台 合同申请 消费记录 索取发票

图 2-9　支付完成提示

步骤 8：完成支付后，可以单击“管理控制台”，查看自己所订购的产品。如图 2-10 所示。

图 2-10　用户订购产品等信息窗口

订购完成后，即可登录到阿里云平台账户，使用所订购的应用软件和其他产品。

Chapter 3

第3章 云计算与虚拟化技术

“分身术”

西游记中的孙悟空有个“分身术”的本领，他从自己身上扯下一把毫毛，轻轻一吹，瞬间变出数百个“孙悟空”。

在云计算系统中，也有一种如同孙悟空“分身术”本领的技术——虚拟化。随着计算机硬件技术的发展和配置的提升，大量的计算机资源会出现利用率低的问题。同时，随着用户业务的扩展，每当增加新的业务就需要采购新的设备，而且业务与硬件紧密耦合，既降低了硬件资源的效能，又增加了建设投资和时间成本。如何在这些硬件资源上实现业务的动态弹性扩展并提高资源的效益？那就是虚拟化技术。该技术可以让一台主机“变出”多台虚拟主机，像物理主机一样，可以在这些虚拟机上运行多种操作系统，实现在一台物理主机上同时运行多台安装相同或不同操作系统的主机。云计算就是利用虚拟化技术，实现对一台或多台服务器构成的集群硬件，如 CPU、内存、硬盘、I/O、网络等资源的分类、集中管理和分配，生成“无数”台虚拟主机（Virtual Machine，VM），每台虚拟机可以分别运行不同的业务，实现用户业务的弹性扩展和业务在虚拟机之间的迁移，实现对用户资源和业务的统一管理，如图 3-1 所示。

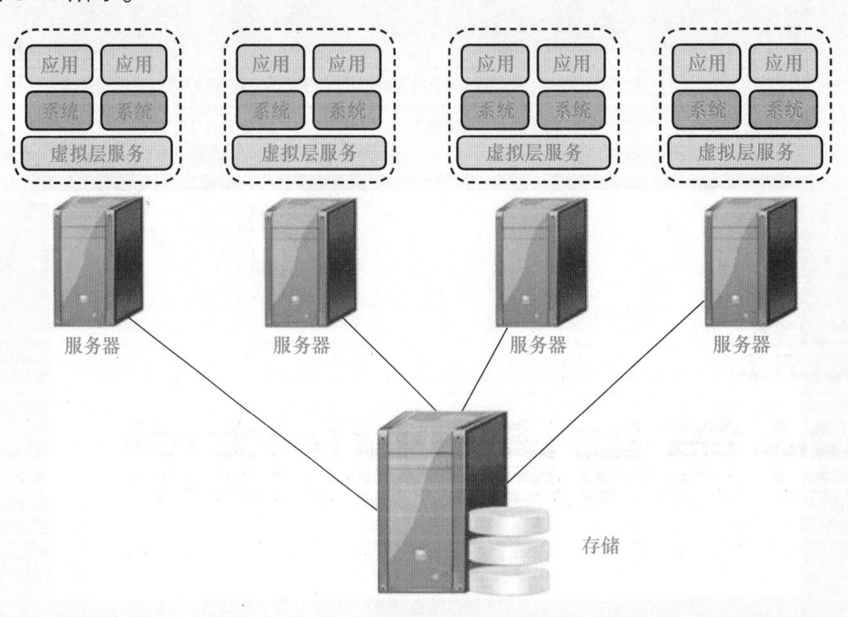

图 3-1　虚拟化技术示意图

本章导读

虚拟化（Virtualization）是通过虚拟化技术将一台物理计算机或服务器，虚拟为多台逻辑计算机或服务器（即虚拟机）。于是，在一台物理机上，同时可运行多逻辑主机，每个逻辑主机可运行不同的操作系统，应用程序都可以在相互独立的空间内运行而互不影响。而且，如果应用业务需要，还可以将业务分解到这些不同虚拟主机上进行协同工作，实现负载均衡管理，从而大大提高了物理主机资源的利用率，显著提升业务处理的效能。

计算机虚拟化，实质上就是一种计算机资源管理技术。通过虚拟化技术，将一台或多台计算机的各种物理资源，如CPU、内存、网络、磁盘及存储等进行抽象，统一形成逻辑上的“计算资源池”“存储资源池”“网络资源池”。虚拟机就是从这些资源池中动态申请虚拟CPU（vCPU）、虚拟内存、虚拟I/O、虚拟网卡等虚拟资源而创建的一台逻辑主机。

如果物理机资源允许，在一台物理主机上可以创建多个虚拟主机。用户如果后期业务需要扩张，则可直接通过创建虚拟机的形式，完成新业务的部署和应用，可大大节省投资并提高业务实施的效率。

虚拟化技术，云计算核心技术之一，把云系统中的各种硬件资源进行虚拟化后，可以根据用户需求，实现资源弹性伸缩，提高资源利用率。借助云系统管理平台，可以对这些虚拟资源进行管理和部署，简化了管理流程和维护工作，并具有负载均衡、动态迁移、故障自动隔离、系统主备自动切换、容灾、灾备等高可用性特点。

学习目标

1. 理解什么是虚拟化以及虚拟化技术在云计算中的作用
2. 掌握计算虚拟化的内容（计算资源池）以及实现方式
3. 掌握存储虚拟化的内容（存储资源池）以及实现方式
4. 掌握网络虚拟化的内容（网络资源池）以及实现方式
5. 了解容器虚拟化、微服务、超融合等知识

3.1 虚拟化概述

3.1.1 虚拟化的定义

虚拟化，从广义上来说，就是通过用映射或抽象的方式屏蔽物理设备复杂性，在其上层增加一个管理层，统一管理、调配这些物理资源，使之更易于透明控制，有效简化基础设施的建设和管理，提升 IT 资源（如服务器、网络和存储等物理资源）的利用率和使用效益。

虚拟化是对物理资源的逻辑表示，通过在物理硬件层之上添加虚拟化层，将硬件层的资源抽象成虚拟资源，形成各类资源池，提供给上层操作系统或应用使用，通过虚拟化层来屏蔽底层硬件差异所带来的影响。

虚拟化使用软件的方法重新定义划分了 IT 资源，可以实现 IT 资源的动态分配、灵活调度、跨域共享，提高 IT 资源利用率，使 IT 资源能够真正成为社会基础设施，服务于各行各业中灵活多变的应用需求。

通过虚拟化可以有效提高资源的利用率。在数据机房经常可以看到服务器的利用率很低，有时候一台服务器只运行着一个很小的应用，平均利用率不足 10%。通过虚拟化可以在这台利用率很低的服务器上安装多个实例，从而充分利用现有的服务器资源，实现服务器的整合，减少数据中心的规模，解决令人头疼的数据中心能耗以及散热问题。如图 3-1 所示。

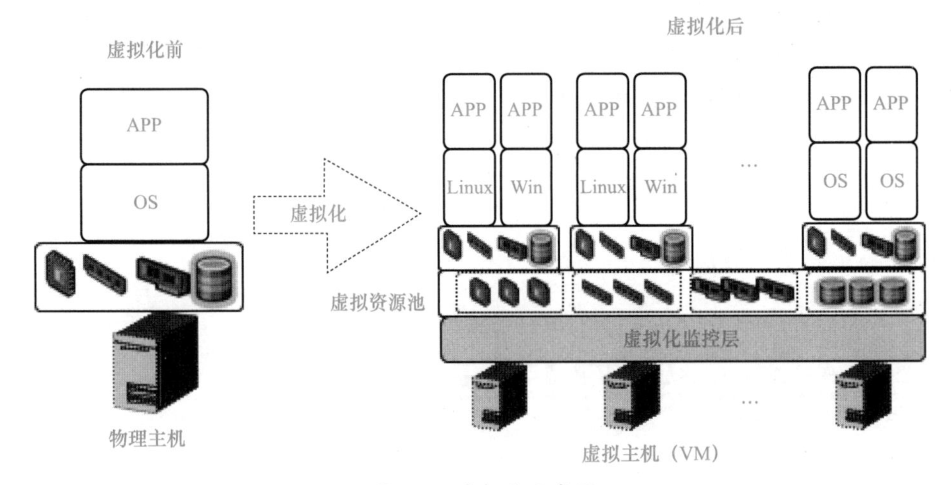

图 3-2　虚拟化示意图

虚拟主机，是指通过虚拟化技术将一台物理计算机虚拟为多台逻辑计算机。在没有虚拟化技术的情况下，虽然可以在一台计算机上安装两个甚至多个操作系统，但是同时运行的操作系统只有一个，物理资源独立独享，操作系统与物理硬件紧密耦合。而通过虚拟化，物理资源被抽象成共享资源池，在一台计算机上同时运行多个逻辑计算机，每个逻辑计算机可运行不同的操作系统和不同的应用，操作系统与硬件解耦，虚拟主机从资源池中分配资源，虚拟机中的多个应用之间在相互独立的空间内运行而互不影响，从而显著提高计算机的工作效率。

3.1.2 虚拟化的产生背景

1959 年在国际信息处理大会上，克里斯托弗（Christopher Strachey）的学术报告《Time Sharing in Large Fast Computers》（大型高速计算机中的时间共享）中，提出虚拟化的概念，虚拟化技术由此萌芽。

19 世纪 60 年代，美国出现了第一个虚拟化系统，它是由 IBM 开发的大型机 CP-40Mainframes 系统。随着技术的发展和市场竞争的需求，虚拟化技术开始向小型机或 UNIX 服务器上移植，如 IBM 提出了动态逻辑分区（Dynamic Logical Partition，DLPAR）技术之后，使用 DLPAR 技术将单台服务器分出多台服务器独立工作，并且在不重启系统的情况下，将 CPU、内存及其他组件资源分配给其他分区，这种在不中断运行的情况下进行动态资源分配使管理更加方便，维护成本也相应降低。

随着 Intel X86 架构的 CPU 提出来之后，这种架构成本相比大型机、小型机的专用硬件制作成本低很多，并且 X86 架构 CPU 的性能提升，可以满足很多中小型企业的需求，这样很多中小型企业开始采购大量的 X86 架构服务器来部署业务，但是 Intel 公司在设计 X86 架构之初没有考虑支持虚拟化技术，而它本身的结构和复杂性使得在其之上进行虚拟化非常困难，所以早期的 X86 架构并没有成为虚拟化技术的受益者。

20 世纪 90 年代，以 VMware 为代表的部分虚拟化软件厂商采用一种软件解决方案，以虚拟机监视器（Virtual Machine Monitor，VMM）为中心，使 X86 架构的服务器平台实现虚拟化，目前在 X86 构架中绝大多数处理器都支持虚拟化技术。如今虚拟化技术已经得到了飞速发展，几乎所有云计算系统提供商都开发了支持虚拟化技术的软件。

3.1.3 虚拟化的本质、优势与问题

虚拟化的实质是对硬件资源的逻辑划分，形成对上层服务的资源池。它的形式是多种多样的，以计算虚拟化为例，它具有分区、隔离、封装、相对于硬件独立等特征。

虚拟化的本质概括为：

1）在单一物理服务器上同时运行多个虚拟机。

2）在同一服务器上的虚拟机之间相互隔离。

3）整个虚拟机都保存在文件中，可以通过移动文件的方式来迁移该虚拟机。

4）无需修改即可在任何服务器上运行虚拟机。

虚拟化的优势表现在：

1）提高硬件利用率。

2）降低能耗，绿色节能 。

3）提高 IT 运维效率，系统管理人员减少 。

4）操作系统和硬件的解耦。

但也因此会存在风险和问题：

1）虚拟化是对物理资源的再分配，如果虚拟机多了，可能会发生物理资源争用问题。

2）引入虚拟化层之后，导致上层系统应用的出错概率增加，从而导致故障排查困难。而且当某台物理服务器死机，将影响到其上所有虚拟机中的业务使用。

3.2 虚拟化类型

根据虚拟化使用目的、应用领域和范围，可以划分出多种虚拟化类型，分别对各种资源实现虚拟化管理。

虚拟化对象主要包括对计算资源虚拟化、网络虚拟化、存储虚拟化、桌面虚拟化以及应用虚拟化。虚拟化实现方式主要包括全虚拟化、半虚拟化和硬件辅助虚拟化。从主机系统虚拟化来划分，主要有寄居虚拟化、裸金属虚拟化、操作系统虚拟化、函数库虚拟化等类型。以下简要介绍主机系统虚拟化的 4 种类型。

（1）寄居虚拟化

寄居虚拟化就是在宿主机操作系统之上安装虚拟化应用程序，通过应用程序来构建一个虚拟化的环境，在这个虚拟化的环境里，可以安装各种操作系统，满足用户对操作系统的要求，如图 3-3 所示。

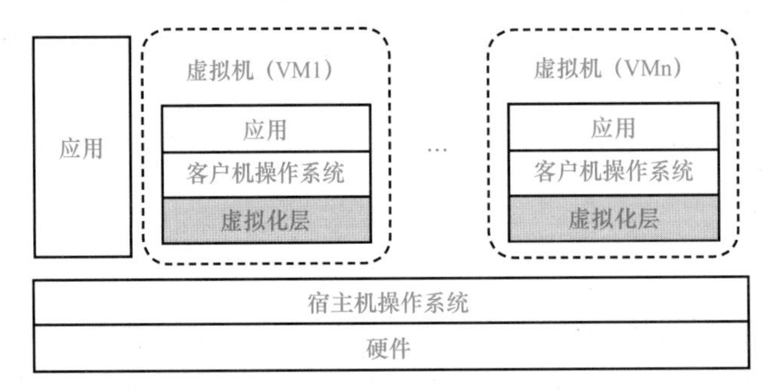

图 3-3　寄居虚拟化示意图

寄居虚拟化的优点是简单、易于实现，缺点是需要依赖于宿主机的操作系统支撑，资源调度需要依靠宿主机操作系统来完成，所以管理开销较大，性能损耗也很大。

代表产品有 VMware Workstation、VirtualBox 等。

（2）裸金属虚拟化

裸金属虚拟化也称为硬件抽象层虚拟化，其实现的方式是直接在硬件层之上部署虚拟化平台软件，而不再需要宿主机操作系统来支撑。由于客户机操作系统看到的是虚拟化层，因此可以认为客户机操作系统的功能和宿主机操作系统的功能几乎没有什么区别。理论上，宿主机操作系统和客户机操作系统的指令集架构相同，所以客户机操作系统的大部分指令是可以直接调用 CPU 来执行的，只有那些需要虚拟化的指令才会由虚拟化层（VMM）进行处理。如图 3-4 所示。

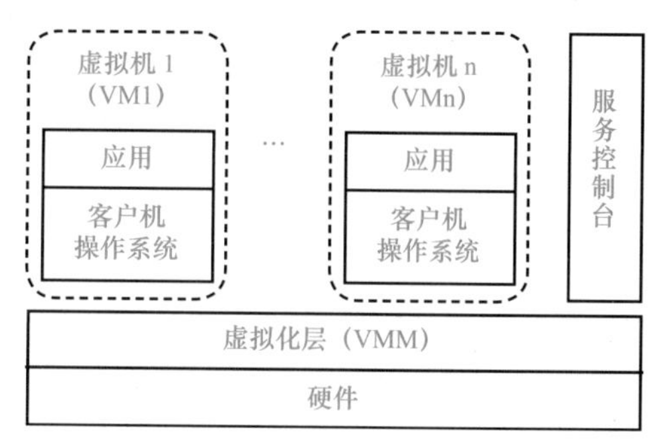

图 3-4　裸金属虚拟化示意图

裸金属虚拟化的优点是不需要依赖宿主机操作系统，支持多种操作系统，与寄居虚拟化相比，缩短了虚拟机到物理硬件的路径，从而减少应用的响应时间，改善用户的体验；缺点是虚拟化层内核开发难度大。

代表产品有 VMware vSphere、Citrix XenServer 和 Huawei FusionCompute 等。

（3）操作系统虚拟化

操作系统虚拟化指的是宿主机操作系统的内核提供多个相互隔离的实例。这些实例并不是平常说的虚拟机，而是容器（容器可以看作是一台真实的计算机，里面有独立的文件系统、网络、系统设置、函数库等），该虚拟化是由宿主机操作系统本身的内核提供的，因此操作系统层上的虚拟化是比较高效的，它对虚拟化资源和性能开销要求比较低，也不需要特殊硬件支持，但是每个容器的操作系统必须和底层硬件的操作系统相同（每个容器可有各自的应用程序和用户账号），灵活性较差。如图 3-5 所示。

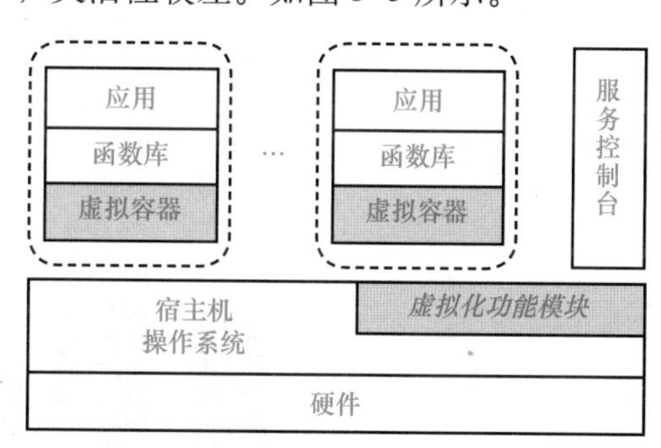

图 3-5　操作系统虚拟化示意图

操作系统虚拟化的优点是简单、易于实现，而且管理开销非常低。缺点是隔离性较差，如果容器被攻击，可能会把攻击传播到宿主机操作系统和其他容器。多个容器需要共享同一操作系统，容器迁移也存在一定的局限性。

代表产品有 Docker、LXC、OpenVZ 等。

（4）函数库虚拟化

所有应用程序编写都需要调用库函数 API 接口，利用库函数为应用程序提供一组服务，使应用程序的编写更加简单。不同的操作系统有自己独立的函数库接口，API 接口和硬件没有多大关系，但是和操作系统密切关联。如 Linux 操作系统的函数库和 Windows 函数库是完全不一样的，如果是针对 Windows 开发的应用程序是不可能在 Linux 系统中运行的，但使用了函数库虚拟化之后，应用程序不需要重新开发，直接通过虚拟函数库的 API 接口来提供给上层应用程序使用。如图 3-6 所示。

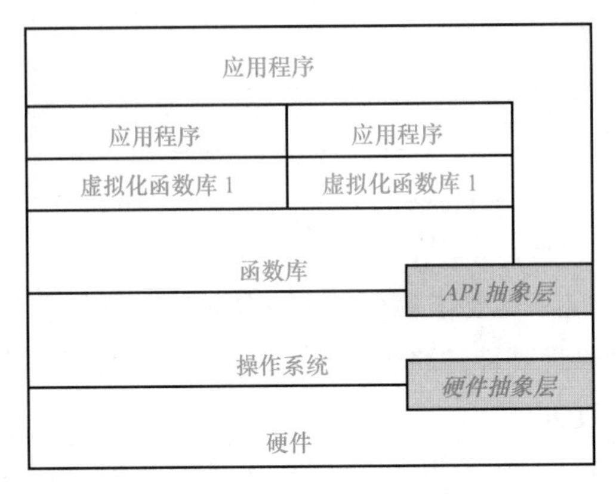

图 3-6　函数库虚拟化示意图

代表产品有 Wine（在 Linux 环境下支持 Windows 程序的执行环境）、Cygwin（在 Winodws 环境下支持 Linux 程序的执行环境）。

3.3 计算虚拟化

3.3.1　计算虚拟化的定义

计算虚拟化（Computational Virtualization）实质上就是对物理主机的 CPU、内存、I/O 等服务器硬件资源的虚拟化，形成虚拟资源池，即“计算资源池”。如图 3-7 所示。

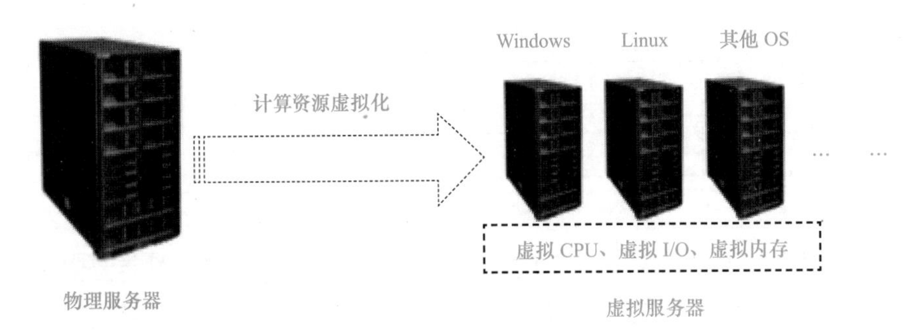

图 3-7　计算虚拟化示意图

计算机系统架构采用的是分层的设计结构，每一层都向上一层提供一个抽象接口，并且每一层只需要知道下一层的抽象接口即可，而不需要知道其内部的运行机制。如计算机硬件为上层操作系统提供的接口是一组指令集架构（Instruction Set Architecture，ISA），不同处理器硬件提供的接口是不相同的，如 Intel 提供的是 X86 架构指令集，该指令集是基于

CISC（Complex Instruction Set Computing，复杂指令集）；IBM 生产的 Power 系列 CPU 提供的是 RISC（Reduced Instruction Set Computing，精简指令集）。如图 3-8 所示。

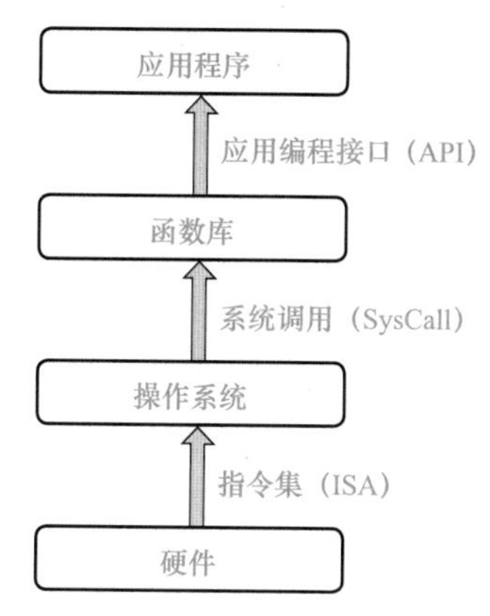

图 3-8　计算机系统分层结构示意图

一台完整可用的计算机应该包括硬件、系统软件以及应用程序。为了更方便地开发出一套应用程序，需要调用很多函数库，而这些函数库为应用程序提供了大量的应用程序接口（API），使得在编写程序的时候更方便简单。

3.3.2　计算虚拟化资源类型

计算虚拟化的资源内容和方式简要概括如下：

（1）CPU 虚拟化

1）半虚拟化：是指 VMM 只模拟了部分硬件，通过修改客户机操作系统的内核代码来解决虚拟化漏洞问题，因此，在客户机上运行的系统软件需要做针对性修改才能运行。

2）全虚拟化：是指 VMM 模拟了完整的底层硬件，采用动态二进制翻译技术来解决虚拟化漏洞问题，在原始硬件设计的系统软件完全不用做任何修改就可在虚拟机上运行。

3）硬件辅助虚拟化：通过与 CPU 硬件厂商进行联合来解决虚拟化漏洞问题，借助 CPU 专有技术的支持来实现高效的全虚拟化，例如，Intel-VT 技术、AMD-V 都是硬件辅助虚拟化支持技术。通过对物理 CPU 的虚拟化，实现一个物理 CPU 被虚拟成多个虚拟 CPU（vCPU）。

（2）内存虚拟化

概括地讲，就是把物理机的真实物理内存统一管理，包装成多份虚拟的内存给若干虚拟机使用。

（3）I/O 虚拟化

现实中的外设资源是有限的，为了满足多个客户机操作系统的需求，在虚拟化应用中，多个虚拟机共享服务器中的物理网卡，就需要一种机制既能保证 I/O 的效率，又要保证多个虚拟机对用物理网卡共享使用，那么 VMM 必须通过 I/O 虚拟化的方式来复用有限的外设资源。VMM 截获客户操作系统对设备的访问请求，然后通过软件的方式来模拟真实设备的效果。

通过对以上 3 种物理资源的虚拟化，形成逻辑的计算资源池，供创建虚拟机使用。虚拟机在创建过程中，可以根据需要从虚拟资源池中动态申请虚拟 CPU（vCPU）、内存和 I/O 资源。

3.4 存储虚拟化

3.4.1 存储虚拟化的定义

存储虚拟化（Storage Virtualization），通俗地讲就是对各种硬件存储资源进行抽象化表现，是将资源的逻辑映像与物理存储分开，从而为系统和管理员提供一幅简化、无缝的资源虚拟视图。对于用户来说，虚拟化的存储资源就像是一个巨大的“存储池”，用户不会看到具体的磁盘、磁带，也不必关心自己的数据经过哪一条路径通往哪一个具体的存储设备。从管理的角度来看，虚拟存储池是采取集中化的管理，并根据具体的需求把存储资源动态地分配给各个应用。

存储虚拟化是在存储设备之上添加一个逻辑层，将整个存储设备抽象为存储资源池，之后按需分配给整个云平台的虚拟机使用，通过这种模式，管理者能够很方便地调整存储资源，提高存储的利用率。存储虚拟化能够屏蔽存储系统的复杂性，增加或集成新的功能、仿真、整合或分解现有的存储服务功能等，真正做到将逻辑存储与物理存储分离。虚拟化后形成统一的异构存储资源池，而不是仅仅在物理硬盘驱动器或存储设备上虚拟逻辑存储对象。

存储系统是指存放各种数据的硬件设备、控制设备和管理软件等组件共同组成的系统。在云计算分布式式存储系统中，需要对分布在不同网络节点上的存储系统进行虚拟化协调管理。通过网络存储虚拟化，将存储网络上的各种品牌的存储子系统整合成一个或多个可以集中管理的存储池，存储池可跨多个存储子系统，并在存储池中按需要建立一个或多个不同大小的虚卷，并将这些虚卷按一定的读写授权分配给存储网络上的各种应用服务器。这样就达到了充分利用存储容量、集中管理存储、降低存储成本的目的。

3.4.2 存储虚拟化分类

广义存储虚拟化是通过软件定义存储的方式来实现虚拟化。在云计算、大数据和互联网应用中，其后台基础设施主要是由构建低成本、高性能、可扩展、易用的分布式存储系统构成的，即用廉价的 X86 系列磁盘组成的分布式存储系统。

狭义的存储虚拟化多用于企业或组织的私有云或混合云中，常见的分类如下：

1）对存储虚拟化的不同位置可以分为基于主机的虚拟化、基于存储设备的虚拟化和基于存储网络的虚拟化。主机和存储设备的虚拟化是传统意义上的虚拟化，只有网络级的存储虚拟化是目前存储虚拟化的主流，它能将存储网络上的各种存储子系统整合成一个或多个集中管理的存储池，并按需建立多个大小不同的虚拟逻辑卷，并将这些虚拟逻辑卷分配给上层的应用服务器，达到重复利用存储资源、集中管理存储、降低存储成本的目的。

2）对不同的存储设备和数据组织层面可以分为数据块虚拟化、磁盘虚拟化、磁带或磁带库虚拟化、文件系统或者其他设备虚拟化。

3）按存储虚拟化的拓扑结构可以分为有对称式和非对称式两种。从虚拟化实现的方式也可分为带内 In-Band 虚拟化和带外 Out-of-Band 虚拟化。

公有云存储设备向着存储服务的方式转变，即通过软件定义存储，实现分布式存储虚拟化。企业或组织的存储设备将向着私有云和公有云的混合模式“超融合”架构的方向发展，“超融合”将为企业提供简化数据中心运营的解决方案，为企业提供更加灵活和可扩展的存储服务。

3.4.3 存储虚拟化的意义

（1）异构平台整合

企业 IT 环境中经常遇到不同厂商或者同一个厂商不同型号和档次的异构存储系统，在这个异构存储环境中，分配资源是个比较大的问题。例如，如果分配一个新的逻辑卷需要登录到对应的存储设备上进行配置，如果让应用客户端连接到多个厂商的不同存储设备，客户端需要安装多个不同厂商的多路径软件，它们之间很有可能冲突；其次，针对多种不同厂商和型号的设备，配置方法也都不同，造成维护成本高。如果可以使用一个集中的虚拟化设备，将这些存储系统进行池化，在这个基础之上做统一的管理和分配，将极大节省运维成本。整合异构存储系统的主要目的是在不同的存储之间架起一道桥梁，便于管理和分配资源，实现软件定义存储的目标。

（2）增加数据管理功能

企业 IT 环境中存在很多低端存储设备，这些存储设备大多数只提供存储功能，不提供额外的数据管理功能，如快照、持续数据保护（Continuous Data Protection，CDP）、容灾、复制等，与高端存储的数据管理功能无法互通。通过存储虚拟化统一管理平台后，可以让这些低端存储卷附加上快照、CDP 以及远程数据复制、卷镜像、读写性能优化等高级功能。因此，最关键的是支持异构存储环境，几乎所有厂商的存储卷经过虚拟化处理之后，都能对外表现出统一的高级数据管理功能。存储虚拟化设备可以在保证源卷属性不变的同时，为其附加对几乎所有数据的管理功能。

（3）数据迁移 / 异构容灾

如果在传统的异构存储系统之间不能实现直接相互复制，必须依靠虚拟化技术，数据迁移是企业存储系统中最具挑战的一种数据管理操作，尤其是异构存储系统之间的数据迁移。存储虚拟化设备可以把异构存储系统经过虚拟化处理后，逻辑上形成一个存储系统，进而完成数据的复制和灾备。

（4）软件定义存储

软件定义存储是虚拟化存储的另一种方式，利用分散的、低廉的 X86 架构服务器磁盘，通过软件的方式把存储资源进行再分配，构建分布式存储系统，提高系统的兼容性、可扩展

性，降低存储系统与硬件设备的依赖。

3.5 网络虚拟化

网络虚拟化（Network Virtualization）是指通过南向接口（即向下的接口，提供对其他厂家网元的管理功能，支持多种形式的接口协议；相对的是北向接口，即向上提供的接口，提供给其他厂家或运营商进行接入和管理的接口）的统一和开放，屏蔽了底层物理转发设备的差异，实现了底层网络对上层应用的透明化。逻辑网络和物理网络分离后，逻辑网络可以根据业务需要进行配置、迁移，不再受具体设备物理位置的限制。

3.5.1 网络虚拟化内容

随着云计算技术的不断发展，虚拟化技术一直都是云计算技术的重要组成部分和推动因素。网络虚拟化的概念已经产生很久，如 VLAN、VPN、VPLS 等，尤其是服务器虚拟化已经发展到一个高度，在新一代互联网技术的背景下，虽然网络虚拟化的基本概念没有改变，但是内容已经发生了变化。在传统的网络虚拟化中，如 VLAN，由于受到 IEEE 802.1q 协议的定义，VLAN 在数据帧中是通过一个 12 位的二进制字段信息 VID 来标识的，也就是最多可以标识 4096 个 VLAN。在大型数据中心中，租户需要隔离，每个租户都需要多个 VLAN，数量的限制对租户的需求产生矛盾，虽然借助扩展功能对 VLAN 在数量上可以扩展，但会造成管理和配置的复杂。随着虚拟化技术的不断发展，网络虚拟化可以划分为 4 个部分：

1）虚拟机的虚拟网卡。随着越来越多的服务器被虚拟化，网络已经延伸 Hypervisor 内部，网络通信的“端”已经从以前的服务器变成了运行在服务器中的虚拟机。数据包从虚拟机的虚拟网卡流出，通过 Hypervisor 内部的虚拟交换机，再经过服务器的物理网卡流出到上联交换机。

2）服务器到网络的连接即虚拟交换机。分为基于 CPU 技术实现、基于物理网卡技术实现和基于物理交换机技术实现的 3 种虚拟交换类型。

3）硬件设备虚拟化。通过路由器集群技术和交换机堆叠技术，将多台物理机合并成一台虚拟网络设备，实现跨设备链路聚合，简化网络拓扑结构，便于管理维护和配置，消除“网络环路”，增强网络的可靠性，提高链路利用率。或是将一台物理网络设备通过软件虚拟化成多台逻辑网络设备。

4）虚拟网络。包括层叠网络、虚拟专用网络、数据中心和使用较多的虚拟二层延伸网络，以上都是通过在基础设施上添加新的协议来解决虚拟化的问题。

网络虚拟化后，不同租户的流量是相互隔离的，不同租户默认不能互相访问，不同租户的 IP/MAC 地址可以独立规划，甚至可以重叠。虚拟机可以跨二层 / 三层迁移，甚至可以跨广域网进行迁移。逻辑网络和物理网络解耦，不再受物理网络限制，可以跨越二层 /

三层物理网络，使得其规模和数量可扩展。

3.5.2 软件定义网络

软件定义网络（Software Defined Network，SDN）是由美国斯坦福大学 CLean State 课题研究组提出的一种新型网络创新架构，是网络虚拟化的一种实现方式。其核心技术 OpenFlow 通过将网络设备的控制面与数据面分离开来，从而实现了网络流量的灵活控制，使网络作为管道变得更加智能，为核心网络及应用的创新提供了良好的平台，如图 3-9 所示。SDN 是一种软件集中控制、网络开放的三层体系架构。应用层实现对网络业务的呈现和网络模型的抽象；控制层实现网络操作系统功能，集中管理网络资源；转发层实现分组交换功能。应用层与控制层之间的北向接口是网络开放的核心，控制层的产生实现了控制面与转发面的分离，是集中控制的基础。

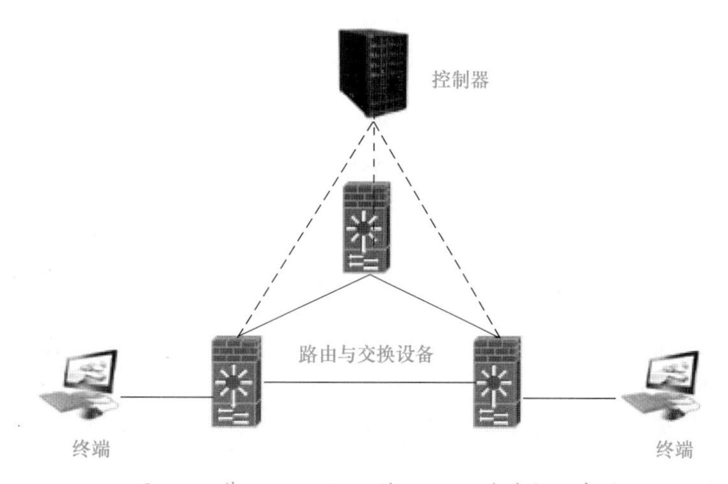

图 3-9 基于 OpenFlow 的 SDN 工作流程示意图

使用 SDN 的优势表现在：传统 IT 架构中的网络，根据业务需求部署上线以后，如果业务需求发生变动，重新修改相应网络设备（路由器、交换机、防火墙）上的配置是一件非常烦琐的事情。在互联网 / 移动互联网瞬息万变的业务环境下，网络的高稳定与高性能还不足以满足业务需求，灵活性和敏捷性反而更为关键。SDN 所做的事是将网络设备上的控制权分离出来，由集中的控制器管理，无须依赖底层网络设备，屏蔽了来自底层网络设备的差异。而控制权是完全开放的，用户可以自定义任何想实现的网络路由和传输规则策略，从而更加灵活和智能。

3.6 容器虚拟化

2010 年，dotCloud 公司在美国成立，它提供基于 Linux 容器（Linux Container，LXC）技术的 PaaS 服务。随着业务不断地发展，他们在 LXC 的基础上对容器技术进行了改进和封装，并命名为 Docker，后续并没有被各大云服务厂商看好，故将其开源，立即引起业界轰动，

Docker 开源社区随后迅速火爆起来，2013 年 10 月底，公司更名为 Docker，随后多家厂商开始宣布支持 Docker。

Docker 是基于软件平台的容器引擎，又称为 Container as a Service（CaaS），它把应用程序运行所需要的环境打包放到隔离的容器中，实现轻量级的操作系统虚拟化解决方案。与其他虚拟化技术不同，如 KVM 需要虚拟整个操作系统，而 Docker 不需要虚拟完整的操作系统，仅虚拟应用程序所需要的类库和上下文环境，即只虚拟出一个局部。使用这种方式部署应用程序将更高效，级别更轻，运行更独立。

Docker 使用 Linux 容器技术，通过命名空间和进程组来提供容器的资源隔离与安全保障。Docker 有进程、网络、挂载、宿主和共享内存 5 个命名空间，运用这些命名空间将进程隔离。通过 AUFS 对文件系统进行管理，容器可以理解为文件夹目录，占用系统资源低。在一台主机上可以同时运行数千个 Docker 容器，并且启动速度快，因为 LXC 有轻量级虚拟化的特点，每个容器可以只加载变化的部分，所以它占用的各种资源都很小，和其他虚拟化技术相比有更独特的优势。这意味着在应用层面，随着业务不断迅猛的增加，Docker 可在瞬间启动多个应用程序，因为它是虚拟应用程序的上下文。在 PaaS 和 SaaS 层面的云服务中，Docker 已经显示出其强大的优势，改变着虚拟化技术的格局，被誉为下一代云计算技术的代表。

Docker 的优势表现在如下几个方面：

1）在应用程序开发过程中，经常会遇到由于操作系统环境的不同，应用程序在开发的环境中能运行，而在生产环境下有冲突的情况发生，Docker 能够很好地解决这种由于环境的差异性导致应用程序出现的各种问题。

2）Docker 容器的启动秒级别实现，启动速度比其他虚拟机要快得多，并且可以在一台主机上同时运行数千个 Docker 容器。

3）Docker 容器对系统资源额外的开销很少，其他虚拟技术运行多个不同的应用要启动多个虚拟机，而 Docker 是构建在操作系统上的，只需要在同一操作系统上启动多个容器即可。其他虚拟化技术是虚拟整个操作系统，而 Docker 开源且轻量，更适合部署应用程序。

4）在自动化运维方面，通常需要大量的脚本来帮助进行自动化的运维，而 Docker 可以通过编写 Dockfile 配置文件构建整个容器，使得重启和构建容器更方便、快捷，降低运维人员的工作量。

Docker 的这些优势，足以让各大 IT 巨头纷纷对 Docker 刮目相看，Docker 被誉为下一代云计算架构的先锋，它颠覆了以往传统的云计算架构模式，提出容器即服务（Container as a Service，CaaS）的新架构。当然 Docker 也不是全能的，它所对应的云计算架构中，在应用程序的隔离、网络应用和安全等方面对于其他架构相比，还需要进一步的改进。

Docker 和其他虚拟化技术的不同之处如图 3-10 所示。

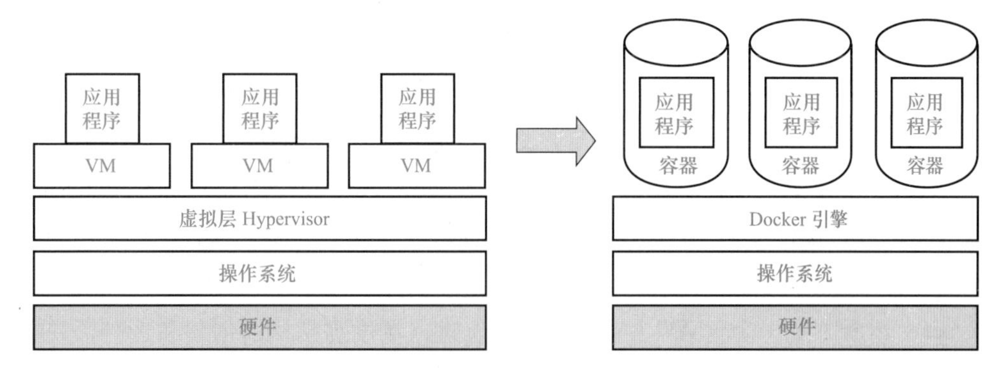

图 3-10 Docker 与其他虚拟化技术对比

图 3-10 中左边是传统虚拟化模式，在虚拟层之上，把整个操作系统进行虚拟化，传统虚拟化模式需要虚拟层、操作系统和硬件三者之间相结合，它们往往也面临着一些问题，如启动时间长，尤其是虚拟机本身文件体积大（一般都在几十 GB 左右），在线迁移和备份等操作会造成网络负载过大。相比之下，Docker 的文件很小，一般只有二三百兆，所以启动速度超快，Docker 的启动时间为毫秒级。

图 3-10 中右边是 Docker 虚拟化模式，直接和宿主机共享操作系统，如同在物理服务器上创建的目录一样。轻便、灵活、快速，对宿主机无额外的性能损失，这就是Docker提出的“一次创建，随处运行（Build once，Run anywhere）”模式。另外，在云平台的搭建过程中，价格也是一个很大的问题。Docker 是开源的，比起 VMware 和其他产品总体上要便宜很多。

Docker 改变了虚拟化的方式，方便快捷是 Docker 的最大优势。在下一代的 PaaS 中并非一定要有操作系统，而是 RunTime 程序运行时和服务 Service 的结合，提供容器即服务的架构，把传统的 IaaS 和 PaaS 进行合并，演变为基于 CaaS 的下一代云计算架构，同时解决 Docker 在隔离性、安全性、移动性等方面出现的问题。Docker 将对传统云计算架构产生颠覆性的革命，赋予云计算更强大的生命力，也是下一代云计算的新模式。

3.7 虚拟化典型平台介绍

3.7.1 VMware

VMware 公司成立于 1998 年，是全球云基础架构和移动商务解决方案厂商，提供基于 VMware 的解决方案。1999 年 2 月 VMware 公司发布了第一个产品 VMware Workstation，2001 年进入服务器市场。VMware 服务器虚拟化使企业的数据中心转变为灵活的云计算基础架构，VMware vSphere 是企业级虚拟化解决方案，它是构建云计算环境的基础平台。VMware Horizon 是面向桌面虚拟化的应用平台，提供更高的工作效率和更低的成本。VMware 支持全虚拟化的二进制翻译和硬件辅助虚拟化，并具有半虚拟化 I/O 设备驱动。借助 VMware 的各种虚拟化产品、数据中心和安全性解决方案，可促进企业数字化转型。

3.7.2 Hyper-v

Hyper-v 是微软的一款虚拟化产品，它是基于硬件辅助的全虚拟化技术。作为一个虚拟化产品，Hyper-v 具有一个很特别的要求，处理器必须支持 AMD-V 或者 Intel VT 技术，也就是说，处理器必须具备硬件辅助虚拟化技术。Hyper-V 采用微内核（Micro Kernel）的架构，兼顾了安全性和性能的要求。Hyper-v 作为 Hypervisor 层运行在最底层，Server 作为特权操作系统运行在 Hyper-v 之上。

Hyper-v 本质上是一个 VMM，主要作用是管理、调度虚拟机的创建和运行，并提供硬件资源的虚拟化。

3.7.3 FusionCompute

FusionCompute 是华为 FusionSphere 云计算操作系统的基础软件，主要由虚拟化基础平台和云基础服务平台组成，主要负责硬件资源的虚拟化，以及对虚拟资源、业务资源、用户资源的集中管理。它采用虚拟计算、虚拟存储、虚拟网络等技术，完成计算资源、存储资源、网络资源的虚拟化；同时通过统一的接口，对这些虚拟资源进行集中调度和管理，从而降低业务的运行成本，保证系统的安全性和可靠性，协助运营商和企业客户构建安全、绿色、节能的云数据中心。其主要特点包括支持虚拟机资源的按需分配、支持 QoS 策略保障虚拟机资源分配以及大容量大集群，支持多种硬件设备等。

FusionCompute 具有业界最大容量，单个逻辑计算集群可以支持 128 个物理主机，最大可支持 3200 个物理主机。它支持基于 X86 硬件平台的服务器并兼容业界的主流存储设备，可供运营商和企业灵活选择硬件平台；同时通过 IT 资源调度、热管理、能耗管理等一体化集中管理，大大降低了维护成本。

3.7.4 Xen

Xen 是一个开放源代码虚拟机监视器，是由英国剑桥大学计算机实验室开发的一个虚拟化开源项目，它是一个基于 X86 架构的开源虚拟化技术，可以在一套物理硬件上安全地执行多个虚拟机，与 Linux 是一个完美的开源组合，Novell SUSE Linux Enterprise Server 最先采用了 Xen 虚拟技术。它特别适用于服务器应用整合，可有效节省运营成本，提高设备利用率，最大化利用数据中心的 IT 基础架构。

在 Xen 架构中，主要由两部分组成。一个是虚拟机监控器（VMM），也称为 Hypervisor。Hypervisor 层在硬件与虚拟机之间，是必须先载入到硬件的第一层，Hypervisor 载入后就可以部署虚拟机了。在 Xen 中的虚拟机叫作 Domain，在这些虚拟机中，Domain0 虚拟机具有最高的特权。

Domain0 要负责一些专门的工作，由于 Hypervisor 中不包含任何与硬件对话的驱动，也没有与管理员对话的接口，这些驱动就由 Domain0 来提供，通过 Domain0，管理员可以利用一些 Xen 工具来创建其他虚拟机。

3.8 微服务

在现有的应用服务器中，存在着应用程序与运行环境紧耦合、资源隔离差、版本管理能力弱、容易引起冲突、部署困难等诸多问题，在分布式碎片化的软件环境下变得日趋严重，传统的以应用服务器为基础的 PaaS 架构面临部署和运维等难题。

近年来，微服务框架越来越受到关注。之前通用的软件设计模式是使用客户端服务器模式的架构，应用程序在开发、测试、打包和部署阶段都是作为一个整体存在。这种架构使得持续交付变得充满挑战，因为哪怕是应用程序的最小改变也需要整个应用重新编译和测试。

微服务是一种将应用分解成小的自治服务的软件架构，每个服务被独立地开发、测试和部署，服务间使用约定的 API 进行通信，所有的服务组合在一起，通过 API Gateway 向外提供服务。微服务提高了应用的灵活性、扩展性和高可用性，在 PaaS 平台上部署微服务框架，需要系统提供完整的服务治理功能，包含服务的注册、发现、管理、授权、分布式事务、调用链分析等功能。和传统架构不同，微服务架构是由一系列职责单一的细粒度服务构成的分布式网状结构，服务之间通过轻量机制进行通信，这时需要有服务的注册和发现功能。服务提供方要将自己的服务地址进行注册，服务的调用方可以从服务注册中心找到需要调用的服务地址，同时，服务提供方一般以集群方式提供服务，通过负载均衡解决服务间的流量转发问题。微服务需要服务网关，通过它提供统一的对外接口来调用微服务的 API，对于后台的运维和管理还需要一套基础管理平台，包括监控、自动化等功能。即一个简单的微服务架构需要注册中心、服务发现、负载均衡、服务网关相关组件和提供管理、监控、自动化等基础平台。

除了把业务进行拆分，微服务对部署和运维也提出新的要求，因为实施微服务架构后，整个系统的模块一下子比原来多了很多，模块变多后，部署和维护的工作量都会变大，需要建立一套包含自动构建、自动部署、日志中心、健康检查、性能监控等功能在内的基础平台。Docker 和 Kubernetes 的结合解决了分布式系统运维的大量问题，Docker 实现了基础设施即代码（Infrastructure as Code），传统的 Infrastructure 架构只提供 API 来供上层调用，但并不是代码，代码是可以编译和执行的。Docker 和 Kubernetes 结合，把 Docker 编译好的镜像发布到 Kubernetes 的集群里，在 Kubernetes 中会负责处理应用的高可用和自动伸缩，对应用的任何一次变更，小到修改一个参数，大到一次全面的升级，都会被 Kubernetes 纳入版本控制，就像管理代码一样，同时接管了应用的大部分运维工作，运用 DevOps 架构实现开发即部署，部署即开发的模式，提高开发和运维的效率。

微服务架构是构建分布式系统的理想方案。但它不能解决所有问题，也不是一种简单的架构。在传统架构向微服务架构演进的过程中，需要面临很多挑战，其中微服务如何分离、分离之后微服务的大小、微服务之间的通信和数据的一致性等，都是需要解决的棘手问题。

微服务是把业务进行原子性的拆分，并以进程的形式独立地运行。在传统架构中需要一台虚拟机来运行一个微小的应用，会造成资源浪费，而以容器为架构，微服务独立运行在容器中，与主机操作系统共享硬件资源，更加快速、小巧，而不需要 VMM 中间层虚拟化的翻译，资源利用率更高、响应速度更快。

业务被微服务拆分后，通过 DevOps 提高开发、部署、运维的效率，开发者通过本地的客户端向服务端提交代码，将代码构建成镜像放到本地，将对应的镜像启动容器来预览开发的结果，开发经过自测确认无误，再将该镜像推送到私有的 Docker 注册服务器中进行存储。测试人员将私有镜像仓库中开发人员新提交的镜像在容器中运行测试，测试通过后镜像会被运维人员使用，运维人员将镜像部署在生产环境的容器中运行并交付给客户使用。

微服务以容器为架构、开发、部署，运维以 DevOps 为模式，已经成为下一代 PaaS 的典型应用场景。

3.9 超融合

超融合基础架构（Hyper-Converged Infrastructure，HCI）也称为超融合架构，是指在同一套单元设备（X86 架构的服务器）中不仅仅具备计算、网络、存储和服务器虚拟化等资源和技术，而且还包括缓存加速、重复数据删除、在线数据压缩、备份软件、快照技术等元素，多节点可以通过网络聚合起来，实现模块化的无缝横向扩展（Scale-Out），形成统一的资源池。超融合架构将虚拟化计算和存储整合到同一个系统平台。软件定义分布式存储是超融合的核心。分布式存储解决了集中式共享存储应用在虚拟化场景里的问题。

企业数据中心为了快速响应新的业务需求，必须对企业的核心基础设施进行转型，使其变得更加敏捷，并且能够按需、实时、具备弹性、自动化的提供各种服务。在这个过程中，需要通过软件对计算、存储、网络、以及其他硬件进行抽象的定义，实现基于云计算形态的高度整合与对所有资源进行融合，从而增加数据共享、提升资源利用率、减少运营成本，同时实现弹性的、自服务的、自动化的、按需分配的现代化的企业数据中心私有云平台。

超融合是私有云发展的一种趋势，将计算、存储、网络集于一身，在企业的数据中心形成一套小而精的硬件基础架构资源池。广义上，除了计算和存储，超融合架构，还可以整合网络以及其他更多的平台和服务。当前业界普遍的共识是软件定义的分布式存储层和计算虚拟化是超融合架构的最小集，HCI 是实现软件定义数据中心（SDDC）的终极技术途径。HCI 类似 Google、Facebook 后台的大规模基础架构模式，可以为数据中心带来最优的效率、灵活性、规模、成本和数据保护。

本\章\小\结

本章系统讲解了虚拟化技术。重点讲解了计算虚拟化、存储虚拟化、网络虚拟化 3 种 IT 资源虚拟化的特点和技术实现方法。

（1）计算虚拟化

计算虚拟化的四种类型包括：寄居虚拟化，裸金属虚拟化，操作系统虚拟化和函数虚拟化。从技术层面来讲，计算虚拟化包括 3 种资源：CPU 虚拟化，内存虚拟化和 I/O 虚拟化。

还讲解了计算虚拟化典型产品 Xen、KVM、VMware、Hyper-V 等的技术特点，对理解计算虚拟化技术、了解计算虚拟化典型产品打下了基础。

（2）存储虚拟化

广义存储虚拟化是通过软件定义存储的方式来实现虚拟化。狭义的存储虚拟化多用于企业或组织的私有云或混合云中，常见的分类包括：

1）对存储虚拟化的不同位置可以分为基于主机的虚拟化、基于存储设备的虚拟化和基于存储网络的虚拟化。

2）对不同的存储设备和数据组织层面可以分为数据块虚拟化、磁盘虚拟化、磁带或磁带库虚拟化、文件系统或者其他设备虚拟化。

3）从存储虚拟化的拓扑结构可以分为有对称式和非对称式两种。从虚拟化实现的方式也可分为带内 In-Band 虚拟化和带外 Out-of-Band 虚拟化。

公有云存储设备向着存储服务的方式发生转变，即通过软件定义存储，实现分布式存储虚拟化。

（3）网络虚拟化

网络虚拟化是云计算系统中的网络软硬件资源进行虚拟化的过程，进而形成网络资源池。这些资源包括虚拟机的虚拟网卡、服务器到网络的连接（即虚拟交换机）、网络设备虚拟化、虚拟网络（包括层叠网络、虚拟专用网络、大二层网络等）。

本章还讲解了容器虚拟化技术 Docker 的工作过程、微服务、超融合等技术。

容器虚拟化是一种通过虚拟化技术来隔离运行在主机上的不同进程，从而达到进程之间、进程和宿主操作系统相互隔离、互不影响的技术。

微服务是一种将软件应用程序设计为可独立部署的服务套件的一种架构，该架构是一种将单应用程序作为一套小型服务开发的方法，每种应用程序都在其自己的进程中运行，并与轻量级机制（通常是 HTTP 资源的 API）进行通信。

超融合是指在同一套单元设备中不仅具备计算、网络、存储和服务器虚拟化等资源和技术，而且还包括备份软件、快照技术、重复数据删除、在线数据压缩等元素，多套单元设备可以通过网络聚合起来，实现模块化的无缝横向扩展（Scale-Out），形成统一的资源池。超融合采用一种创新的分布式架构，在很大程度上解决了传统架构面临的诸如性能、可靠性、扩展性、管理运维、成本等方面的问题。

习题

一、填空题

1．虚拟化对象主要包括______、______、______、______和应用虚拟化。

2．虚拟化实现方式有______、______和硬件辅助虚拟化。

3．从主机系统划分有______、______、______、函数库虚拟化等类型。

4．计算虚拟化实质上就是对物理主机的______、______、______等服务器硬件资源的虚拟化，形成虚拟资源池，即“计算资源池”。

5．寄居虚拟化就是在______之上安装虚拟化应用程序，通过它可以构建一个虚拟化的环境，在这个虚拟化的环境里，可以安装各种操作系统，满足用户对操作系统的要求。

6．微服务独立运行在______中，与主机操作系统共享硬件资源，更加快速、小巧，而不需要______的翻译，资源利用率更高、响应速度更快。

7．超融合是私有云发展的一种趋势，将______、______、______集于一身，在企业的数据中心中形成一套小而精的硬件基础架构资源池。

二、简答题

1．分别简述寄居虚拟化、裸金属虚拟化、操作系统虚拟化、函数库虚拟化的特点。

2．分别简述虚拟化中的计算资源池、存储资源池和网络资源池中的资源。

3．简述虚拟机监视器（VMM）的主要作用。

4．简述什么是容器虚拟化。

拓展项目

项目名称：利用VMware Workstation虚拟化软件实现在一台计算机上安装多种操作系统。

如果想在自己的笔记本计算机、家用计算机或部门服务器上安装多个操作系统，如Windows或Linux，并把不同的应用安装在对应的操作系统主机上，但又不想破坏原来物理机的操作系统启动与管理环境，那么采用创建虚拟机环境是一个非常不错的选择。VMware Workstation是一套虚拟化软件，可以安装在笔记本计算机、台式计算机等客户机或工作组服务器上，实现对虚拟机和应用的创建与管理。

背景知识：VMware Workstation是一款功能强大的桌面虚拟计算机软件，是典型的寄居虚拟化软件，用户可在单一的物理机上同时运行多个不同种类的操作系统，是进行开发、测试、部署新的应用程序的最佳解决方案。VMware Workstation可在一部实体机器上模拟完整的网络环境，创建可便于携带的虚拟机（文件格式）。

操作提示：VMware Workstation可以从官方网站https://www.vmware.com/cn.html免费下载并安装，然后创建多个虚拟机，分别安装Windows Server、Windows 10和Linux等操作系统，并在多个操作系统中创建自己的应用，进行学习和实验，并不破坏原有主机的运行和应用。

步骤1：准备好欲安装的操作系统文件或光盘以及VMware Workstation安装文件，然后运行 VMware Workstation 安装程序。

步骤 2：创建新虚拟机。安装完成后，启动 VMware Workstation，在操作界面“文件”菜单项中选择“新建虚拟机”，如图 3-11 所示。

图 3-11 创建虚拟机

步骤 3：按照提示，选择所安装操作系统的来源，如光盘或存储在硬盘上的压缩文件，如图 3-12 所示。

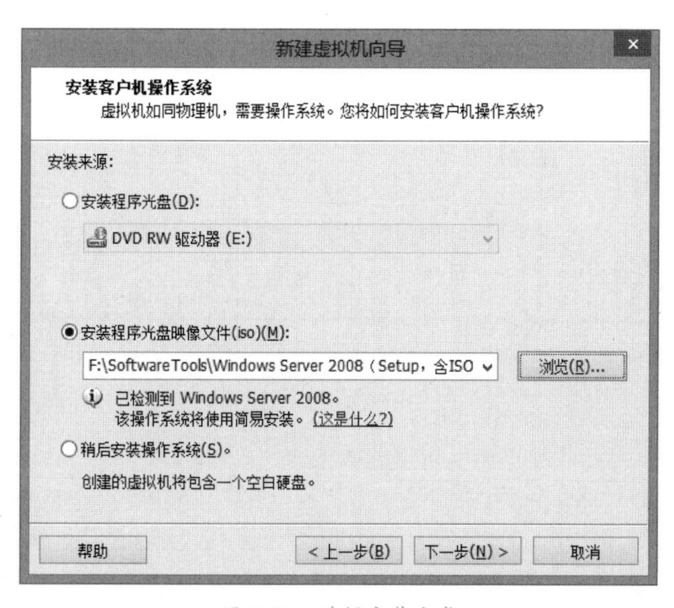

图 3-12 选择安装方式

步骤 4：根据提示输入安装系统的序列号、虚拟机名称以及相关虚拟机文件存放的磁盘位置等信息，然后进入系统安装过程，如图 3-13 所示。

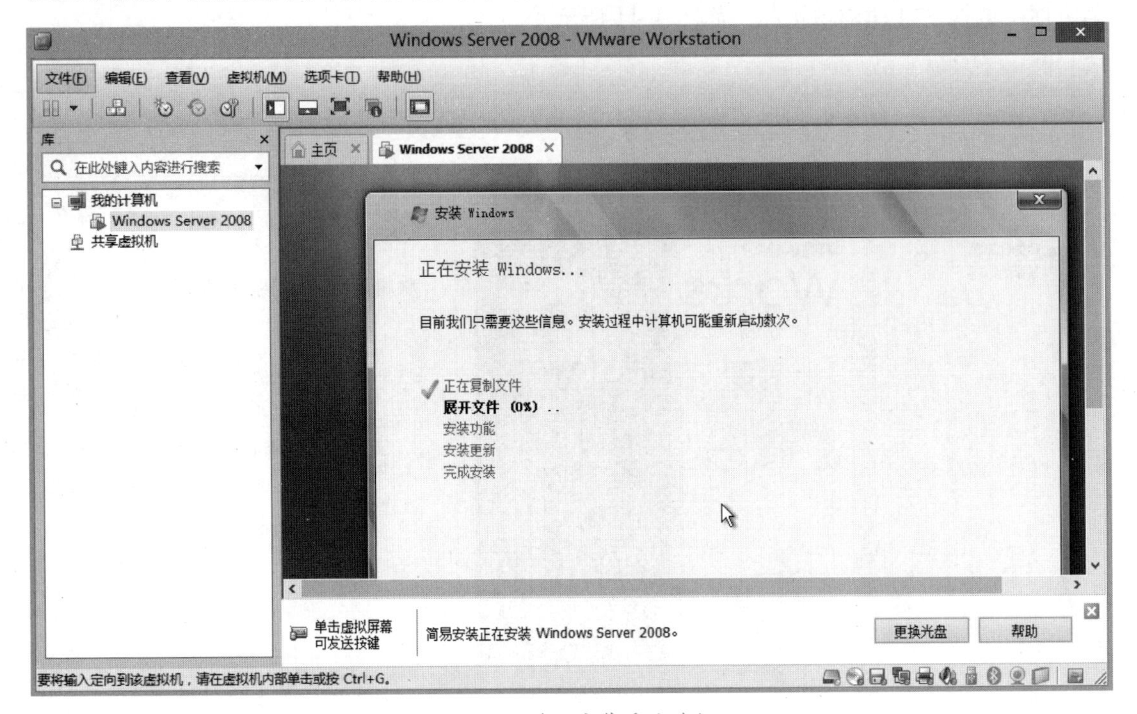

图 3-13 进入安装系统进程

步骤 5：系统安装完成后，即可通过菜单中的“文件”→“打开”命令来启动虚拟机。

步骤 6：如果想修改安装过程中设置的参数，如网卡、磁盘数量等，可以通过菜单中的“虚拟机”→“设置”命令来完成操作。

Chapter 4

第4章 云计算与分布式技术

“双十一”背后

很多人在淘宝上购买宝贝，特别是每年的“双十一”会产生海量的交易数据，每单交易从商品的检索到完成下单的一系列过程，不只是一台服务器完成的。阿里云平台单集群早已超越 5000 台，同时支持多集群跨异地机房计算，实现业务的并行处理和分布式计算。

在电商平台下单，一笔买卖就是一个“事务”，对买家账户进行扣款，对卖家账户进行入账；同时，要扣除库存、更新订单状态，而库存和订单一般属于不同的数据库，甚至是在不同物理位置的云数据中心主机上，如何保证这一系列数据处理的一致性？这些操作必须在一个事务里执行，要么全部成功，要么全部复原。

淘宝网整个交易系统是个复杂的系统，由分布在不同地域的云计算数据中心，通过分工与协同，完成交易的整个过程，其中负责存储海量数据的分布式数据库 OceanBase 是支付宝的核心系统之一。OceanBase 是蚂蚁金服完全自主研发的金融级分布式关系数据库，具有数据强一致、高可用、高性能、在线扩展、高度兼容 SQL 标准和主流关系数据库、低成本等特点。

本章导读

云计算系统可以是一个庞大的信息处理系统，在该系统中，与大量服务器、存储设备、数据库、网络设备等分布在不同网络位置和物理位置。该系统就是利用分布式技术，将一个巨大的任务划分成多个子任务分配给系统中不同的处理节点，然后把各个节点的处理结果进行有机整合，最终产生所需要的结果。分布式技术既提高了工作效能，又充分盘活了系统中各种空闲的软硬件资源。

分布式系统是云计算中最基础的架构，其中包括分布式应用和服务。分布式系统把应用和服务进行分层和分割，然后将应用和服务模块进行分布式部署，既提高了并发访问能力、减少数据库连接和资源消耗，还能使用不同应用复用共同的服务，使业务易于扩展。分布式静态资源，如网站的资源可以分布式部署，减轻应用服务器的负载压力，提高访问速度。对于海量数据，单台计算机往往无法提供海量数据的存储空间，可以采用分布式存储将其分类存储在不同的存储服务器上。随着计算的发展，有些应用需要非常巨大的计算能力才能完成，如果采用集中式计算，需要耗费较长的时间来完成，分布式计算将应用分解成许多小的部分，分配给多台计算机处理，这样可以节约整体的计算时间，大大提高计算效率。

学习目标

1. 理解分布式系统概念
2. 理解分布式计算、分布式文件系统、分布式数据库、分布式存储等技术特点
3. 理解云计算系统架构
4. 了解分布式消息队列
5. 了解分布式系统在云计算中的应用

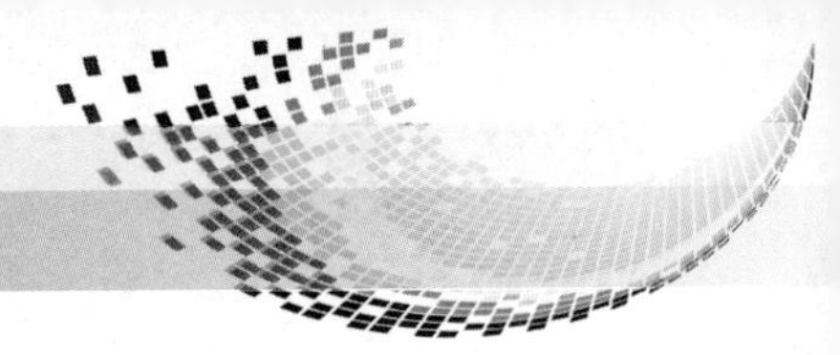

4.1 分布式系统

分布式系统（Distributed System）是若干独立计算机的集合，这些计算机对于用户来说就像是单个相关系统。分布式就如同一家连锁店，总部在北京，分店在上海、青岛等各地。分布式是在不同的物理位置空间中实现数据资源的共享与处理，如金融行业的银行联网，交通行业的售票系统，公安系统的全国户籍管理等，这些企业或行业单位之间具有地理分布性或业务分布性。

分布式系统由多个业务节点组成，每个节点可以由廉价的终端或昂贵的服务器组成，构成一个独立的运算单元，它们分散在不同的地理位置，基于通信网络互联和分布式软件系统来执行任务。分布式系统包括分布式操作系统、分布式程序设计语言及其编译（解释）系统、分布式文件系统和分布式数据库系统等。

分布式系统对用户来说就像一台计算机，作为整体向用户提供资源，但对用户而言整个系统是透明的。分布式系统根据网络的体系结构分为总线型和网络型；根据系统架构分为分布式存储和分布式计算。分布式存储主要有分布式文件系统、分布式块存储、分布式对象储存和分布式数据库系统。

分布式系统具有如下 3 个特点：

1）一致性。即数据的一致性，关联数据之间的逻辑关系是否正确和完整，无论对数据怎样操作，都要保持数据的完整性和可用性，没有脏数据产生。

2）可用性。用户发出的各种请求，在服务器端能及时作出正确的响应，而不是错误的或是没有响应。

3）容错性。当一个节点出现故障时，系统中其他节点能够提供正常的服务，并对该节点进行删除和增加操作。

4.2 分布式计算与网格计算

4.2.1 分布式计算

分布式计算，是一种计算方法，和集中式计算是相对的。随着计算技术的发展，有些应用需要非常巨大的计算能力才能完成，如果采用集中式计算，需要耗费相当长的时间来完成。分布式计算将该应用分解成许多小的部分，分配给多台计算机进行处理，这样可以节约整体计算时间，大大提高计算效率。随着互联网的飞速发展，文档的抓取、索引的建立、页面的查询统计等应用相继实现，同时产生的数据量相当巨大，只能将这些应用进行分布式计算。分布式计算是一门计算机科学，它研究如何把一个需要巨大的计算能力才能解决的问题分成许多小的部分，然后把这些小部分分配给许多计算机同时进行处理。

分布式计算就是让两个或多个软件互相共享信息，这些软件既可以在同一台计算机上运行，也可以在通过网络连接起来的多台计算机同时运行，然后共同完成一个或若干个任务得到结果，但对于用户而言，不用关心分布式计算内部的运作机制，只需要输入条件，得到运算结果即可，不用关心数据是如何计算的、数据是如何被分发等复杂的细节，而是把这业问题封装在一个类库中，提供接口让用户调用即可。

4.2.2 网格计算

网格计算是分布式计算的一种类型。网格计算在松耦合资源环境中得到应用，用来实现复杂的工作负载管理和信息虚拟化功能。网格计算也是一种与集群计算非常相关的技术，其实质是组合与共享资源并确保系统安全，利用大量异构计算机的未用资源（CPU、磁盘存储等），将其作为嵌入在分布式电信基础设施中的一个虚拟的计算机集群，为解决大规模的计算问题提供分布式模型。网格计算的焦点放在支持跨管理域计算的能力，这使它与传统的计算机集群或传统的分布式计算相区别。其目标是解决对于任何单一的超级计算机来说仍然难以解决的问题，并同时保持解决多个较小问题的灵活性，因此网格计算提供了一个多用户的环境。

网格计算或分布式具有以下特点：

1）稀有资源可以共享。

2）通过分布式计算可以在多台计算机上平衡计算负载。

3）可以把程序放在最适合运行它的计算机上。

4.3 并行计算

4.3.1 并行计算的定义

并行计算（Parallel Computing）是指同时使用多种计算资源解决计算问题的过程，是提高计算机系统计算速度和处理能力的一种有效手段。它的基本思想是用多个处理器来协同求解同一问题，即将被求解的问题分解成若干个部分，各部分均由一个独立的处理机来并行计算。并行计算系统既可以是专门设计的、含有多个处理器的超级计算机，也可以是以某种方式互连的若干台独立计算机构成的集群，通过并行计算集群完成数据的处理，再将处理的结果返回给用户。

并行计算有以下特征：

1）将工作分离成离散部分，有助于同时解决。

2）随时并及时地执行多个程序指令。

3）多计算资源下解决问题的耗时要少于单个计算资源下的耗时。

4.3.2 并行计算与云计算

并行计算主要研究的是空间上的并行问题。从程序和算法设计人员的角度来看，并行计算又可分为数据并行和任务并行。一般来说，因为数据并行主要是将一个大任务化解成多个子任务来协同处理。

云计算是在并行计算之后产生的概念，由并行计算发展而来，两者在很多方面有着共性，学习并行计算对于理解云计算有很大的帮助。但并行计算不等同于云计算，云计算也不等同于并行计算。两者主要区别如下：

1）云计算萌芽于并行计算。

云计算的萌芽应该从计算机的并行化开始，并行机的出现是人们不满足于 CPU 摩尔定率的增长速度，希望把多个计算机并联起来，从而获得更快的计算速度。这是一种很简单也很朴素的实现高速计算的方法，这种方法后来被证明是相当成功的。

2）并行计算追求的是高性能、云计算对于单节点的计算能力要求低。

在并行计算的时代，人们极力追求的是高速的计算、采用昂贵的服务器。例如，截至 2018 年 11 月，美国超级计算机“顶点”蝉联冠军，中国超算上榜总数仍居第一，数量比上期进一步增加，占全部上榜超算总量的 45% 以上。中国超算“神威•太湖之光”和“天河二号”分别位列第三、四名。

云计算并不去追求使用昂贵的服务器，也不用去考虑 TOP500 的排名，云中心的计算力和存储力可随着需要逐步增加，云计算的基础架构支持这一动态、虚拟化扩展的方式。

4.4 MapReduce 简介

MapReduce 是一种编程模型，用于大规模数据集（大于 1TB）的并行计算，Map（映射）和 Reduce（归约）是它的核心思想，它是面向大数据并行处理的计算模型、框架和平台。其特点如下：

1）MapReduce 是一个基于集群的高性能并行计算平台（Cluster Infrastructure）。它允许用市场上普通的商用服务器构成一个包含数十、数百至数千个节点的分布和并行计算集群。

2）MapReduce 是一个并行计算与运行软件框架（Software Framework）。它提供了一个庞大但设计精良的并行计算软件框架，能自动完成计算任务的并行化处理，自动划分计算数据和计算任务，在集群节点上自动分配和执行任务以及收集计算结果，将数据分布存储、数据通信、容错处理等并行计算涉及到的系统底层的复杂细节交由系统处理，大大减少了软件开发人员的负担。

3）MapReduce 是一个并行程序设计模型与方法（Programming Model & Methodology）。它借助于函数式程序设计语言 LISP 的设计思想，提供了一种简便的并行程序设计方法，用 Map 和 Reduce 两个函数编程实现基本的并行计算任务，提供了抽象的操作和并行编程接口，简单方便地完成了大规模数据的编程和计算处理。

MapReduce 是 1956 年由图灵奖获得者、著名的人工智能专家 McCarthy 首次提出的。MapReduce 是 LISP 语言定义的函数，LISP 语言是一种人工智能领域的语言，在人工智能领域有很多的应用，其逻辑简单，但结构不同于其他的高级语言。

2004 年，Google 公司的 Dean 发表文章将 MapReduce 这一编程模型在分布式系统中的应用进行了介绍，从此 MapReduce 分布式编程模型进入了人们的视野。

Google 在云计算的应用中需要处理大规模数据，这些数据很多都是 PB 级别的，需要 MapReduce 编程模型提供分布式计算，MapReduce 主要通过 Map（映射）和 Reduce（合并）这两个函数分别完成任务的分解与结果的汇总。

首先，数据自动分割为 M 个数据块的集合，Map 被分发到多个节点上执行，数据块在不同的节点上并行处理生成带“键 - 值”对（Key-Value）的集合，并且此集合中的数据是经过分区和排序的，分区数量 R 和分区函数由用户指定。Reduce 调用也被分发到多个节点上执行，首先获取 Map 阶段产生的中间结果，一边获取一边做 Shuffle 操作（获取 Map 数据，合并数据，生成 Reduce 的输入文件），当 Shuffle 操作完成之后进行 Reduce 合并操作，完成任务后，MapReduce 的输出存放在 R 个输出结果文件中。如图 4-1 所示。

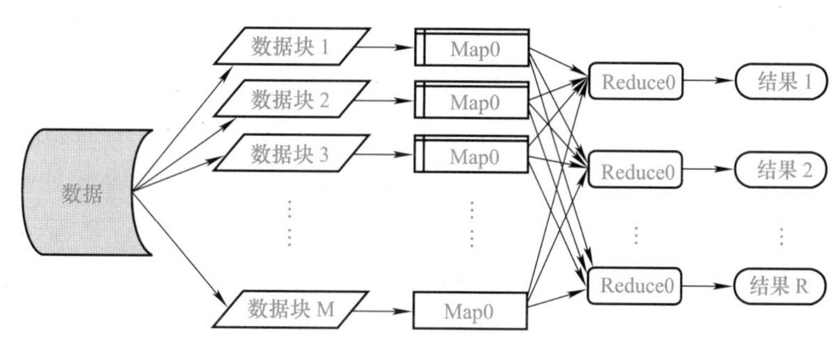

图 4-1　MapReduce 工作原理

MapReduce 支持使用廉价的计算机集群对规模达到 PB 级的数据集进行分布式并行计算，采用批量处理，不适用于交互式应用。通过 MapReduce 的封装，并以编程的模式提供给用户使用，不仅能处理如日志分析、建立搜索的索引、基于统计的机器翻译、排序等大规模数据，还能让开发人员不必再关注 MapReduce 内部的细节，如负载均衡、并行处理、清洗、合并等过程，极大地简化开发人员的工作量。

现实中的很多处理任务都可以利用这一模型进行描述，通过 MapReduce 框架能实现基于数据切分的自动并行计算，大大简化了分布式编程的难度，并可在相对廉价的商品化服务器集群系统上实现大规模的数据处理。

4.5 分布式存储

从数据的结构特征分类，数据主要可以分为：结构化数据、非结构化数据和半结构化数据。结构化数据是指用二维逻辑表来表现的数据，简单来说就是关系型数据库，如 ERP 系统、客户关系管理数据库等都是结构化数据。非结构化数据是指字段长度不等，每个字段的记录可以由可重复或不可重复的子字段构成的数据。非结构化数据是相对结构化数据而言的，非结构化数据不方便用二维表来逻辑表达数据。非结构化数据包括办公文档、全文文本、图片、XML、HTML、各类报表、图像、音频和视频等信息；医疗影像系统、教育视频点播、视频监控等多媒体数据；国土 GIS、设计院设计图、多媒体资源管理等。

半结构化数据是介于结构化数据和非结构化数据之间的数据结构，它具有一定的结构，但没有形成二维表结构（关系型数据模型），如邮件系统、Web 集群、教学资源库、数据挖掘系统、档案系统等应用领域。

不同的分布式存储系统适合处理不同类型的数据，可将分布式存储系统分为 4 类：分布式文件系统、分布式数据库、分布式块存储和分布式对象存储。

4.5.1 分布式文件系统

分布式文件系统（Distributed File System）就是分布式 + 文件系统，从文件系统的使用者来看，它就是一个标准的文件系统，提供了一系列 API，实现文件或目录的创建、移动、删除和对文件的读写等操作。从内部组织结构来看，分布式的文件系统不再和普通文件系统一样负责管理本地磁盘，它的文件内容和目录结构都不存储在本地磁盘上，而是通过网络传输到远端系统上。也就是说，分布式文件系统是指文件系统管理的物理存储资源不一定直接连接在本地节点上，而是通过计算机网络与节点相连。为了满足目前文件存储的新要求，即大容量、高可靠性、高可用性、高性能、动态可扩展性、易维护性， 越发突显出设计一种好的分布式文件系统的必要性。分布式文件系统使得分布在多个节点上的文件如同位于同一个位置，而且便于动态扩展和维护。由于分布式文件系统中的数据可能来自很多不同的节点，它所管理的数据也可能存储在不同的节点上，因此分布式文件系统中的很多设计和实现都与本地文件系统存在巨大的差别，常见的分布式应用级文件系统有 GFS、HDFS、Lustre、Ceph、TFS、FastDFS 等。

典型的分布式文件系统包括：分布式文件系统、分布式锁机制和分布式通信机制。如 Google 的分布式文件系统中 GFS、Chubby 和 Protocol Buffer 分别对应着分布式文件系统、分布式锁机制和分布式通信机制。

（1）GFS

GFS 在性能、可伸缩性以及可用性方面和传统的分布式文件系统在设计目标上是一致的，但是为了存储海量数据，Google 在技术上对传统的分布式文件系统进行了改进，衍生出一套新的分布式文件系统。

1）GFS 是由普通的廉价设备组装的文件系统，硬件在任何时间都有可能失效而无法正常工作，包括硬件故障、软件 Bug、人为失误等，通常被认为是常态事件，而不是意外事件。

所以 GFS 的监控、检测、容灾和自动恢复至关重要。

2）保存在 GFS 系统中的文件数据量是巨大的，GB 级别的文件非常普遍，且在信息采集的过程中，数据量可达到 TB 级别。

3）为保证高并发读取数据和数据一致性，大部分文件的修改是采用在文件尾部追加数据，而不是覆盖原有数据的方式。对文件是按照顺序读取的，这样既保证了对数据进行同时并发处理，提高效率，又能确保数据的一致性。

4）提供统一的对外 API 开发接口，提高了整个系统的灵活性，提供如创建新文件、删除文件、打开文件、关闭文件、读写文件等接口操作。

由于 GFS 提供快照和记录追加功能，保证每个客户端的追加操作都是原子性的，多个客户端可以在不需要额外的同步锁的情况下，同时对一个文件追加数据，多个客户端实现多路合并，可快速完成对文件的处理。

（2）Chubby

Chubby 属于分布式锁服务，通过 Chubby，一个分布式系统中的上千个客户端都能够对某项资源进行“加锁”或者“解锁”，它常用于 BigTable 和 MapReduce 等系统内部的协作工作，它是通过文件的创建操作来实现“加锁”。

在实现机制方面，Chubby 本身是一个分布式文件系统，Chubby 集群一般由 5 台机器组成，每台机器都有一个副本，其中一个副本会被选为 Master 节点，副本在结构和能力上相互对等，并在其内部采用了著名的 Paxos 算法来保持日志的一致性，它们有可能离线，然后重新上线。重新上线后，需要保持与其他节点数据的一致性。

Chubby 提供了一套机制实现客户端在 Chubby 服务上创建文件并执行一些文件的基本操作。创建文件其实就是进行“加锁”操作，成功创建文件的服务器，其实就是抢占到了“锁”。用户通过打开、关闭和读取文件，获取共享锁或者独占锁，并且通过通信机制，向用户发送更新信息。

（3）Protocol Buffer

Protocol Buffer 是 Google 内部使用类似 XML 和 JSON 的一种数据交换格式，并提供基于 Java、C# 和 Python 等多种语言的接口调用。它是一种二进制的格式，所以数据交换速度比使用 XML 要快很多。它主要用于两方面，一是用于分布式应用之间或异构环境下的通信；二是用于数据存储方面，因为它是自描述的，而且压缩很方便，所以可用于对数据进行持久化（如存储日志信息等）操作，并可被 MapReduce 程序处理。

4.5.2 分布式数据库

分布式数据库 BigTable 是一个分布式的半结构化数据存储系统，被设计用来处理海量数据，通常是分布在多台普通服务器的 PB 级数据。Google 已经有 60 多个产品和项目在使用 BigTable，如 Web 索引、Google Earth 和 Google Analytics 等。尽管应用需求差异很大，有的需要高吞吐量，有的需要及时响应，但在数据模型上比较简单，和数据库类似。

BigTable 体系架构主要包括 3 部分：Master 服务器节点用来处理元数据相关的操作，并支持负载均衡；Tablet 服务器节点可根据业务需求动态增减，主要用于存储数据库的 Tablet，客户端可以对 Tablet 服务器节点数据进行读写访问，默认情况下，一个表只包含一个 Tablet，随着数据的增长，会被自动分割成多个 Tablet；提供客户端访问 Tablet 服务器节点的数据读写接口。如图 4-2 所示。

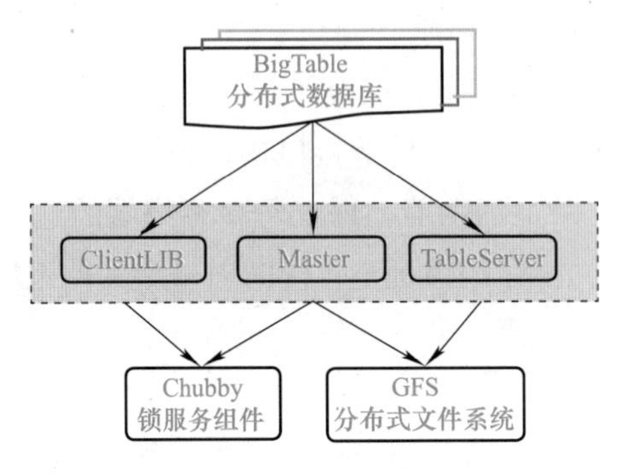

图 4-2 BigTable 体系架构示意图

BigTable 是建立在 GFS、SSTable、Chubby 等基础构件之上的，它是一个稀疏的、分布式的、持久化的、多维排序的、以“键 - 值”（Key-Value）对形式存储的数据模型。多维是指以行关键字、列关键字、时间戳三个维度组成的键（Key），通过键的唯一性获取值（Value），其中行关健字、列关键字和值都是字符串，时间戳是 64 位整型，数据的表现形式可以用 <row：string，column:string，time：int64> 来表示一条“健 - 值”（Key-Value）对记录。

BigTable 中的行关键字可以是任意字符串，行是第一级索引，通常有 10 ～ 100 字节。对同一个行关键字的读写都是原子性的，BigTable 按照行关键字的字典序组织数据，每行都可以动态分区，每个分区叫作 Tablet，它是数据分布和负载均衡调整的最小单元。

BigTable 中的列是第二级索引。列关键字组成的集合叫作列簇，一个列簇里的列存储相同类型的数据，列簇在使用之前必须先创建，然后才能在相应列关键字下存放数据。列簇在设计之初不能太多，并且在运行期间尽量不要改变。

BigTable 中的时间戳是第三级索引。BigTable 中存储的数据可以包含多个版本，根据时间戳区分同一份数据。时间戳的类型是 64 位整型，可以由 BigTable 赋值，也可以由客户端赋值，不同版本的数据按时间戳降序存储，所以先读到的数据是最新版本的数据。

BigTable 还依赖于一个分布式锁服务组件 Chubby。一个 Chubby 服务包括 5 个活动副本，其中只有一个是活动的，其他都是备用，其他副本通过 Paxos 算法和活动的副本保持数据的一致性。另外，Chubby 提供一个名字空间，提供对 Chubby 文件的一致性缓存。BigTable 使用 Chubby 的主要目的是保证在任何时间内只有一个副本是活动的，存储数据的自引导指令位置、访问控制列表和 Table 的列簇信息、查找 Table 所在的服务器信息等。

4.5.3 分布式块存储

块存储指在一个 RAID 集中，提供固定大小的 RAID 块作为 LUN（Logical Unit Number，逻辑单元号）的卷。块存储通常是指磁盘阵列、硬盘、虚拟硬盘，它的使用方式与普通硬盘的使用方式完全一样，DAS（Direct Attached Storage）和 SAN（Storage Area Network）是两种块存储的典型存储方式。

传统 SAN 存储面临如下问题：

1）传统 SAN 存储设备和资源往往由不同厂家提供，之间无法进行资源共享，数据中心看到的是一个个孤立的存储资源。传统 SAN 无法做到性能和容量的线性扩展，使用传统 SAN 建设存储资源池，将出现单数据中心多厂家、多型号 SAN 共存的场景，多套 SAN 之间的资源利用率不均衡，无法做到资源的统一管理和弹性调度，应用在多套设备之间的数据迁移带来的频繁变更增加了运维管理成本。

2）传统 SAN 存储一般采用集中式元数据管理方式。元数据中会记录所有 LUN 中不同偏移量的数据在硬盘中的分布，随着系统规模逐渐变大，元数据的容量也会越来越大，系统所能提供的并发操作能力将受限于元数据服务所在服务器的能力，元数据服务将会成为系统的性能瓶颈。

分布式存储软件系统具有以下特点：

1）高性能：分布式的哈希数据路由，数据分散存放，实现全局负载均衡，不存在集中的数据热点，大容量分布式缓存。

2）高可靠：采用集群管理方式，不存在单点故障，灵活配置多数据副本，不同数据副本存放在不同的机架、服务器和硬盘上，单个物理设备故障不影响业务的使用，系统检测到设备故障后可以自动重建数据副本。

3）高扩展：没有集中式机头，支持平滑扩容，容量几乎不受限制。

4）易管理：存储软件直接部署在服务器上，没有单独的存储专用硬件设备，通过 Web UI 的方式进行软件管理，配置简单。

4.5.4 分布式对象存储

数据中心的服务器成千上万台，服务器每天都有可能出现故障，因此会频繁更换设备。如果采用传统的树形目录，一台设备损坏或者扩容时，就需要将巨型目录树中的数据重新分配均衡，实施起来很复杂。于是大幅度简化，只保留二级目录结构：根下直接连接桶（Bucke，对应 Windows 下的文件夹），桶中直接存放对象（object，对应 Windows 下的文件），桶中不能再建桶（禁止多层文件夹），因此元数据结构十分简单，且移动方便。如图 4-3 所示。

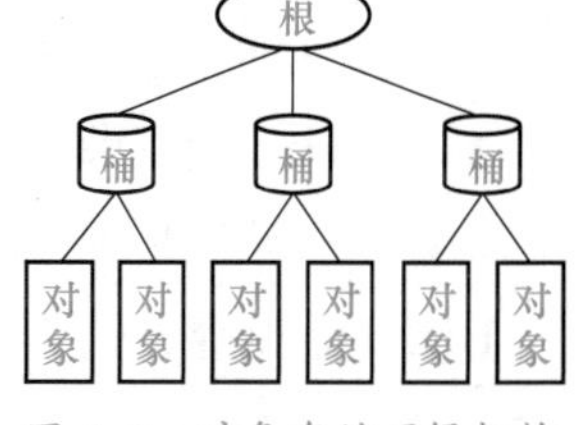

图 4-3　对象存储逻辑架构

对象存储（Object Storage）是亚马逊在2006年推出S3（Simple Storage Service）时提出的，此后各厂商推出各种产品，形态各异，但从应用场景上理解都大致相同，它的特征如下：

1）远程访问。对象存储为云计算而生，存储设备在数据中心，用户遍布世界各地，通过Web服务协议（如REST、SOAP）实现对象的读写和存储资源的访问，通过对象存储本身提供的认证密钥进行身份验证，通过控制列表访问单个对象或存储段，使用REST接口来设置和管理访问控制列表。

2）海量用户。云服务需要支持海量的用户，各个用户之间可以相互共享、授权，并且要保证数据不能泄露。

3）无限扩容。用户产生的海量数据需要分布式对象存储，支持用户存储的数量无限多个。

4.6 分布式消息队列

在计算机科学中，消息队列是一个常用的通信部件，它允许消息的生产者把消息存储在队列中，让消费者在适当的时候取出处理。相比一般的请求/响应处理模型，消息队列的存在使生产者和消费者的处理可以异步，消费者的处理速率不必跟生产完全一致，在极端情况下，生产者和消费者进程不必同时存在。一个进程可以发送一个消息并退出，而该消息可以在数天后才被另一个进程获得。总体而言，由于消息队列具有缓存功能，生产者和消费者的处理可以是解耦的，这给软件结构设计带来了很大的灵活性。消息队列最先用于计算机内部进程间通信或线程间通信。随着分布式技术的发展，在后来的软件工程实践中，消息队列逐渐变成独立部署的软件组件，特别是在云平台环境下，消息队列成为不同服务之间消息通信和同步的关键技术，基于云平台的可靠性要求，队列服务需要提供持久化存储能力，并且能够容忍存储的单点故障，从而实现持久化存储的分布式队列服务。

4.7 Hadoop简介

Hadoop是一个分布式系统基础架构，是一个运行处理大规模结构化和非结构化数据的软件平台。

Hadoop的设计思想来源于Google推出的云计算体系架构，是对Google的MapReduce、GFS和BigTable等核心技术的开源实现，由Apache软件基金会支持，是以Hadoop分布式文件系统（Hadoop Distributed File System，HDFS）和MapReduce（Google MapReduce）为核心，以及一些支持Hadoop的其他子项目的通用工具组成的分布式计算系统。

HDFS的高容错性、高伸缩性等优点，让用户可以在价格低廉的硬件上部署Hadoop，形成分布式文件系统。MapReduce让用户在不了解分布式底层细节的情况下，开发分布式程序，并可以充分利用集群的威力高速运算和存储。

当面临海量的结构化、非结构化数据时，如浩大的电商网站订单数据，传统的关系型数据库本身受到容量、性能的限制，对数据量大的表进行存储和查询将变得很慢，处理小于 60GB 的数据量用分布式关系型数据库是合适的，但是在处理 TB、PB 级的海量数据时就显得力不从心。为了解决这个问题，可以采用基于 Hadoop 架构的分布式海量数据库处理系统。

（1）HDFS 简介

HDFS 是基于数据流模式访问和处理的大文件系统，部署在廉价的商用服务器上。HDFS 架构如图 4-4 所示。HDFS 采用主从模式，HDFS 集群架构由一个 NameNode，一定数目的 DataNode 和 Client 3 部分组成，NameNode 用于存储生成文件系统的元数据，运行一个实例；DataNode 用于存储实际的数据，将自己管理的数据块上报给 NameNode，运行多个实例；Client 支持业务访问 HDFS，从 NameNode 和 DataNode 获取数据返回给业务。多个实例和业务一起运行。

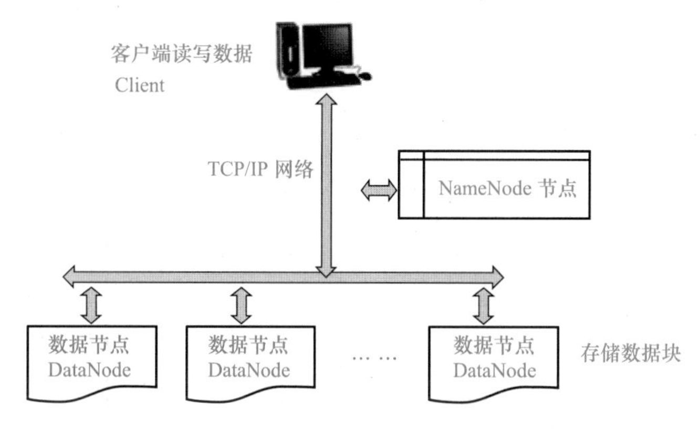

图 4-4　HDFS 架构示意图

HDFS 数据读流程如图 4-5 所示。HDFS 客户端调用标准的文件系统，以文件流的形式打开文件。HDFS 客户端读取 NameNode 配置信息，获取文件信息（数据块、DataNode 位置信息）。HDFS 客户端调用文件流 API 读取文件，从 NameNode 中获取 DataNode 的信息，读取相应的多个数据块，文件流调用关闭连接。

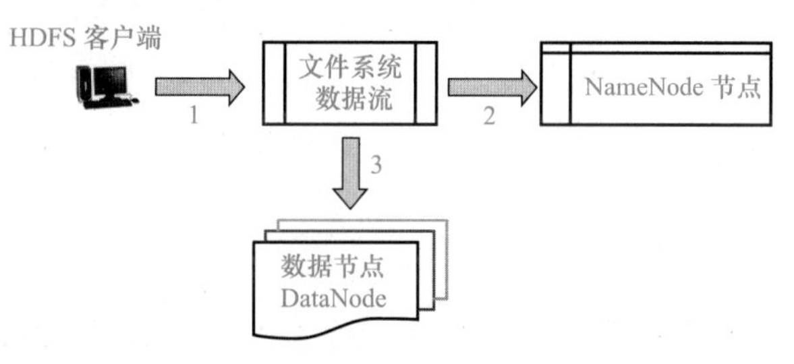

图 4-5　HDFS 读流程

HDFS 数据写流程如图 4-6 所示。HDFS 客户端调用标准的文件系统，以文件流的形式打开文件并请求写入。HDFS 客户端让 NameNode 在元数据中创建文件节点，调用文件流 API 写入文件。HDFS 客户端从 NameNode 获取到数据块编号、位置信息后，联系 DataNode，写入数据到 DataNode1，再由 DataNode1 复制到 DataNode2，DataNode2 复制到 DataNode3，写完数据后，将返回确认信息给 HDFS 客户端，文件流调用关闭连接。

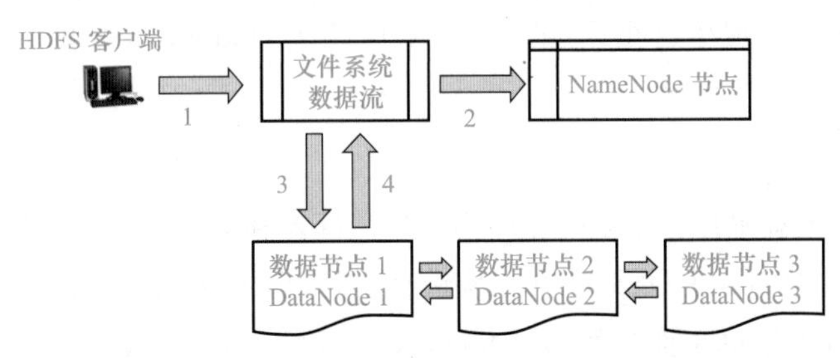

图 4-6　HDFS 写流程

（2）Hadoop 生态系统

目前，Hadoop 已经发展成为包含很多项目的集合，形成了以 Hadoop 为中心的生态系统 （Hadoop Ecosystem），如图 4-7 所示。此生态系统提供了互补性服务或在核心层上提供了更高层的服务，使 Hadoop 的应用更加方便快捷。

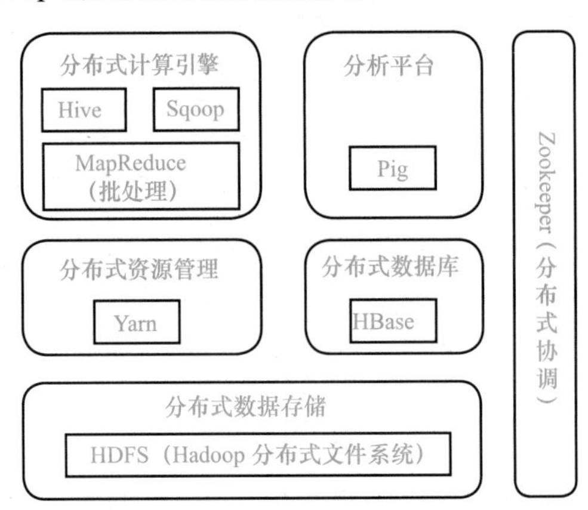

图 4-7　Hadoop 2.0 生态系统

Yarn 是资源管理、任务调度的框架，采用主从式架构，实现一个分布式操作系统的功能，主要包括 3 个模块 ResourceManager、NodeManager 和 ApplicationMaster。ResourceManager 在整个集群只有一个，负责所有资源的监控、分配和管理，运行在主节点上；NodeManager 负责每一个节点的维护，运行在从节点上；ApplicationMaster 负责每一个具体应用程序的调度和协调，负责向 ResourceManager 申请资源，ApplicationMaster 被分布到不同的节点上，并通过隔离机制进行资源隔离，因此它们之间不会相互影响。

HBase 是基于 HDFS 作为底层存储的分布式数据库，它是基于 Google 的 BigTable 原理设计并实现的具有高可靠性、可伸缩、实时读写的分布式数据库系统，以 Key-Value 的形式存储，基于列存储模式，适合存储非结构化数据，采用主从服务器架构。HBase 将逻辑上的表划分成多个数据块，存储在 HRegionServer 中，HMaster 负责管理所有的 HRegionServer。

HBase 本身并不存储任何数据，而只是存储 HRegionServer 的映射关系。

Hive 是 Hadoop 大数据生态圈中的数据仓库，以表格的形式来组织管理 HDFS 上的数据，以类 SQL 的方式操作表格里的数据。Hive 的设计目的是能够以类 SQL 的方式查询存放在 HDFS 上的大规模数据集，不必开发专门的 MapReduce 应用，它的本质相当于一个 MapReduce 和 HDFS 的翻译终端。用户提交 Hive 脚本后，环境运行时会将这些脚本翻译成 MapReduce 和 HDFS 的操作，并向集群提交这些操作。

Pig 是海量数据的分析工具，也是一种编程语言，它简化了 Hadoop 常见的工作任务。Pig 可加载数据、表达转换数据以及存储最终结果，Pig 内置的操作使得半结构化数据变得有意义（如日志文件），同时 Pig 可扩展使用 Java 中添加的自定义数据类型，并支持数据相互转换。

ZooKeeper 集群主要负责各个进程之间的协作问题，它是一个开放源码的分布式应用程序协调服务，可使用 ZooKeeper 的协调机制来统一系统的各种状态。

Sqoop 主要用来在 Hadoop 和关系数据库中传递数据，通过 Sqoop 可以方便地将数据从关系数据库（MySQL、Oracle、PostgreSQL 等）导入到 HDFS，也可以将数据从 HDFS 导出到关系数据库。

Hadoop 的优势在于处理大规模分布式数据的能力，而且所有的数据处理作业都是批处理。Hadoop 中所有要处理的数据都要求在本地，任务的处理是高延迟的，所以 Hadoop 主要用于海量数据处理，构建大型分布式集群、数据仓库、数据分析、数据挖掘等应用领域。MapReduce 处理过程虽然是基于流式的，但是处理的数据不是实时数据，也就是说 Hadoop 在实时性的数据处理上不占优势，因此 Hadoop 不适合于开发 Web 程序，即不是所有的大数据场景都适用 Hadoop。

本章小结

分布式计算、并行计算以及虚拟化技术是云计算技术的组成部分，也是云计算技术的支撑。本章重点讲解了分布式计算、分布式存储、分布式应用等。其中重点讲解了基于集群高性能并行计算平台 MapReduce 和分布式系统基础架构 Hadoop，并对分布式数据库 BigTable 进行了讲解。

MapReduce 是一套实现并行计算与软件开发的设计模型和方法，能够自动完成计算任务的并行化处理，自动划分计算数据和计算任务，在集群节点上自动分配和执行任务并收集中间计算结果。该系统可实现大数据的分布式存储、数据通信、容错处理等，将并行计算涉及很多系统底层的复杂细节交由系统负责处理，大大减少了软件开发人员的负担。

BigTable 是 Google 设计的分布式数据存储系统，是一个稀疏的、分布式的、持久化的、多维的排序和键值（Key-VAlue）映射。它是用来处理海量数据的一种非关系型的数据库，能够快速且可靠地处理PB级别的数据，并且能够部署到大量服务器上。

BigTable使用集群管理系统来调度任务、管理资源、监测服务器状态并处理服务器故障。它使用GFS来存储数据文件和日志，数据文件采用SSTable格式，提供了关键字到值的映射关系。Bigtable使用分布式的锁服务Chubby来保证集群中主服务器的唯一性，可保存BigTable数据的引导区位置，发现Tablet服务器并处理Tablet服务器的失效，也可保存BigTable的数据模式信息和存取控制列表等。

Hadoop是一套由Apache基金会开发的分布式系统基础架构。用户可以在不了解分布式底层细节的情况下，开发分布式程序。该系统可以充分利用分布式集群资源进行高效运算和数据访问。Hadoop实现了一个分布式文件系统HDFS，HDFS有高容错性的特点，并且可以部署在低廉的硬件上；它可提供高吞吐量来访问应用程序的数据，适合那些有着超大数据集的应用程序。因此，Hadoop也是大数据系统开发的重要工具平台。

Hadoop的框架最核心的设计是HDFS和MapReduce。HDFS为海量的数据提供了存储，MapReduce则为海量的数据提供了计算。

习题

一、填空题

1．分布式系统具有______、______和______3个特点。

2．BigTable是建立在______、______、______等基础构件之上的，它是一个______、______、______、______并以“键-值”（Key-Value）对形式存储的______。

3．对象存储的特征包括______、______和______。

4．Hadoop是由Apache软件基金会支持，是以______和______为核心，以及一些支持Hadoop的其他子项目的通用工具组成的______。

5．Mapreduce编程模型提供______，主要通过______和______这两个函数分别完成任务的分解与结果的汇总。

二、简答题

1．简述GFS和HDFS的区别。

2．简述分布式计算、网格计算和并行计算的异同。

3．简述MapReduce的主要功能。

4．简述分布式系统主要包括哪些系统。

5．简述Hadoop的架构主要包含哪些组件、各个组件的主要作用是什么。

拓\展\项\目

项目名称： 在阿里云上实现分布式计算资源的申请与应用。

通过在阿里云平台上申请分布式服务器等计算资源、网络资源和存储资源，基本掌握在云平台上实现应用平台和ICT资源的申请和构建步骤，了解分布式计算的基本功能和任务，从而更好地理解分布式计算在云计算中的地位和作用。

背景知识： 企业想在云服务提供商平台上采购和构建自己的企业新信息化管理平台，并且利用分布式计算资源来处理企业大型分布式业务。阿里云企业级分布式应用服务 EDAS（Enterprise Distributed Application Service）是一个应用托管和微服务管理的 PaaS 平台，提供应用开发、部署、监控、运维等全栈式解决方案，同时支持 Dubbo、Spring Cloud 等微服务运行环境，助力各类应用轻松上云。

操作提示：

步骤 1：打开阿里云平台（https://www.aliyun.com/），单击“产品分类”→“企业应用”→“企业级分布式应用服务 EDAS”，如图 4-8 所示。

图 4-8 阿里云超市

步骤 2：在打开的企业级分布式应用服务 EDAS 窗口中，单击“免费开通”按钮，如图 4-9 所示。

图 4-9　企业级分布式应用服务 EDAS 开通窗口

步骤 3：在打开的窗口中，审查相关信息并单击“立即购买”按钮，如图 4-10 所示。

图 4-10　购买选择窗口

步骤 4：完成支付后，进入账户控制台窗口并单击“立即授权”按钮，允许 EDAS 访问自己订购的 ECS（单行云服务器）等资源，如图 4-11 所示。

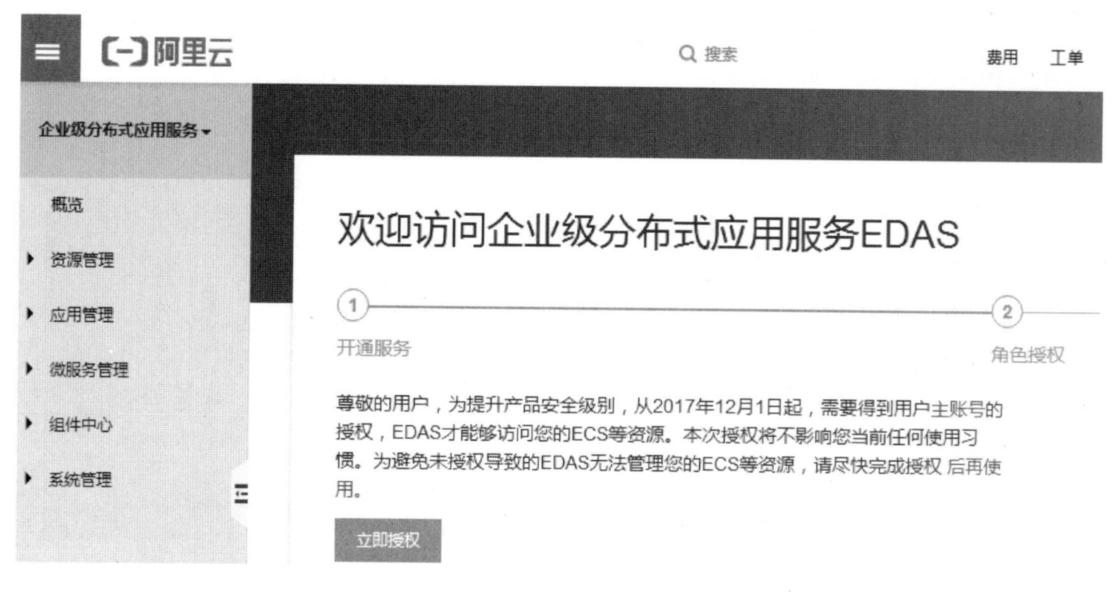

图 4-11 授权访问

步骤 5：同意授权后，回到账户控制台窗口。接着完成其他资源的申请，以便接入到 EDAS，如图 4-12 所示。

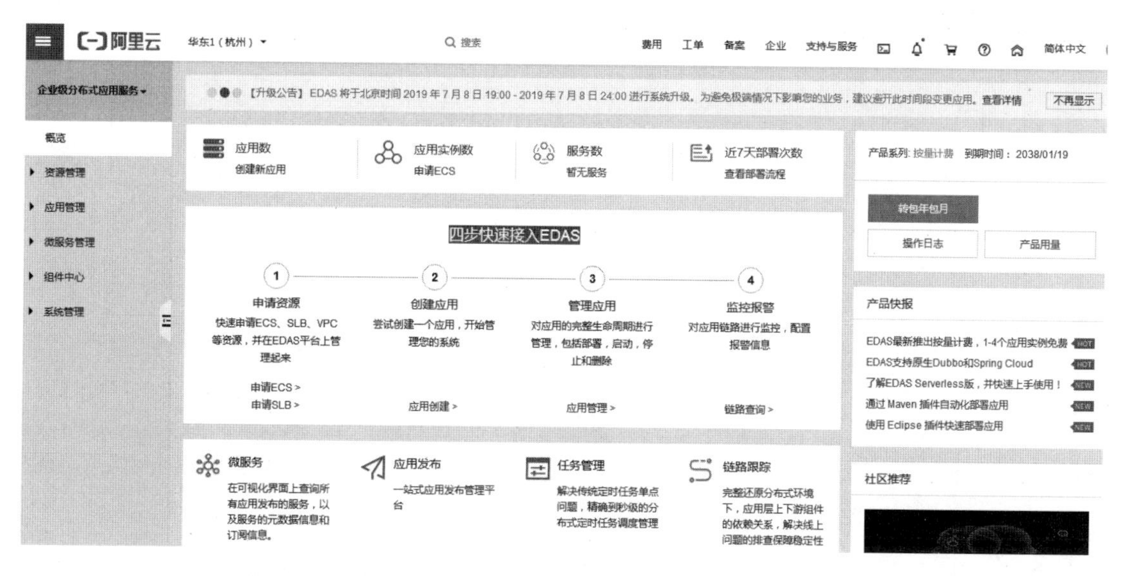

图 4-12 在控制台内完成其他资源的申请

完成整个分布式计算资源的申请后，用户可以登录阿里云主页，通过“控制台”进入自己的账户资源管理窗口，运行和使用其中的资源，如图 4-13 所示。

阿里云　搜索　费用　工单　备案　企业　支持与

今日，

2019年7月28日星期日，欢迎您回到阿里云控制台。对新版有想说的，请点击。

0
待续费

最近使用

访问控制　专有网络 VPC　云服务器 ECS

云市场

我的云产品

应用身份服务　专有网络 VPC　云监控

云数据库 MongoDB 版　数据传输服务 DTS　云服务器 ECS

云数据库 Redis 版　开放搜索　云数据库 HybridDB for MySQL

云效　云数据库 RDS 版　负载均衡

图 4-13　用户控制台

Chapter 5

第5章
云计算与OpenStack

从一个开源的云开发社区说起

OpenStack 是一个开源的云计算管理平台，是目前仅次于 Linux 的开源社区，聚集了全球顶尖云计算解决方案的厂家和编程高手参与其中。OpenStack 在 80 多个国家和地区的企业中使用，管理着上千万个处理器核心，已发展成当前云服务市场使用最为广泛的开源平台，形成了一个庞大的云技术开发乐园。其中包括 IBM、AMD、Intel、戴尔、思科、中兴、华为等众多软硬件开发商。这些知名开发商的参与和支持，推进了 OpenStack 社区的壮大和技术与应用的发展，已然成为公有云、私有云及混合云管理的“云操作系统”的标准。

正是由于大量的开发商和开发者的参与，OpenStack 发展迅速。国际上已经有很多使用 OpenStack 搭建的公有云、私有云、混合云，例如，RackspaceCloud、惠普云、MercadoLibre 的 IT 基础设施云、AT&T 的 CloudArchitec、戴尔的 OpenStack 解决方案等。国内 OpenStack 应用开发也如火如荼进行着，华胜天成、高德地图、京东、阿里巴巴、百度等都已积极参与其中。

OpenStack 开放活跃的生态乐园，不仅推进了云计算产业的发展，也因此为从业者提供了一个施展才华的创新平台。

本章导读

OpenStack是使用Python语言编写的云操作系统组件，由美国国家航空航天局（NASA）和RackSpace公司于2010年6月合作研发完成的。OpenStack由几个主要组件组合起来完成一系列云计算任务，支持几乎所有类型的云环境，其目标是提供实施简单、可大规模扩展、丰富、标准统一的云计算管理平台。它的每个服务提供API以进行集成，通过统一的管理接口对云平台中的资源（如存储、虚拟机、网络等）进行管理。使用OpenStack能够搭建包括公有云、私有云、混合云的 IaaS云平台，是目前最流行的构建云计算系统的开源平台。

本章主要介绍开源的OpenStack架构和主要组件的功能，如Keystone、Nova、Cinder、Neutron、Glance和Swift等。

学习目标

1. 了解OpenStack的发展及特点
2. 熟悉OpenStack各个组件的功能
3. 了解OpenStack市场应用

5.1 OpenStack 的定义

OpenStack 是一个可以管理整个数据中心大量资源池的云操作系统，包括计算、存储及网络资源。管理员可以通过管理台管理整个系统，并可以通过 Web 接口为用户划定资源。OpenStack 是一个由 NASA 与 RackSpace 公司共同开发的云计算平台项目，且通过 Apache 许可证授权开放源码。它可以帮助服务商和企业实现类似于 Amazon EC2 和 S3 的云基础架构服务。

OpenStack 覆盖了网络、虚拟化、操作系统、服务器等各个方面。它是一个正在开发中的云计算平台项目，根据成熟及重要程度的不同，被分解成核心项目、孵化项目、支持项目和相关项目。每个项目都有自己的委员会和项目技术主管，而且每个项目都不是一成不变的，如孵化项目可以根据发展的成熟度和重要性，转变为核心项目。OpenStack 目前已经发布了超过十个版本，每个主版本系列以字母表顺序（A ～ Z）命名，以年份及当年内的排序作为版本号。随着版本的不断推出，OpenStack 功能组件更加丰富和完善，其生态更加壮大，基于 OpenStack 的云服务也得到了迅猛发展。

2010 年 7 月，RackSpace 和 NASA 合作，分别贡献出 RackSpace 云文件平台代码和 NASA Nebula 平台代码，OpenStack 由此诞生，即 Austin 版本。2018 年 3 月 1 日，RackSpace 发布了第 17 个版本——Queens。在新版本中，最重要的新功能是在 Nova 虚拟化模块中支持虚拟 GPU。华为、九州、中兴、麒麟云、浪潮、烽火、海云捷迅等国内企业对 Queens 版本的贡献度名列前 Top20，而且名次非常领先，反映出国内公司 OpenStack 的数量和贡献质量都在不断壮大和提升。

随着容器技术的兴起和火热，以 Docker、Kubernetes 为代表的容器编排技术大受欢迎。而 OpenStack 也在积极拥抱容器，把容器的优势融合进 OpenStack 里。

5.2 OpenStack 的特点

OpenStack 管理的资源是一个分布式系统，将各类服务器、存储、网络设备等硬件资源组织起来，形成一个完整的云平台。要构建云计算系统，需要大量组件进行整合，OpenStack 可协调并整合各组件所需的功能和服务。但 OpenStack 本身不是虚拟化软件，要结合 KVM、XEN 等虚拟化技术，才能对硬件进行虚拟化。OpenStack 更像是控制中心，协调指挥其他组件执行具体操作，以完成各项功能和服务。OpenStack 还提供了图像化的管理界面 Horizon，提供 API 支持用户开发。

随着 OpenStack 技术的不断完善，它迅速发展为搭建云平台的一种快捷方式。在国内，随着中国移动、华为等国内众多企业云产品的落地，OpenStack 已成为构建企业级云平台开源技术的主流标准，成为仅次于 Linux 的第二大开源软件社区。它不仅实现了自身的发展目标，成为一个优秀的开源私有云架构平台，还带动了开源 SDN（Software-Defined Network，软件定义网络）和 SDS（Software-Defined Storage，软件定义存储）的快速发展，促成了 OpenFlow 成为 SDN 标准协议之一，以及 Ceph（一种分布式存储系统）成为主流分布式存储。仅从这几点而言，OpenStack 社区及其自身的软件开发无疑是非常成功的，它通过强大的社区集结了几乎所有云计算相关厂商相互支撑，构建了全面的生态系统。

OpenStack 有以下特点：

1）模块与模块之间松耦合。与其他开源云平台系统相比，OpenStack 模块的耦合度低，结构清晰，各个模块提供规范的 API 调用。

2）配置灵活。各个组件安装灵活，可以集中部署，也可根据不同角色安装在不同的服务器或虚拟机。

3）OpenStack 项目作为一个云平台，提供了 3 种使用方式：

① OpenStack 的所有组件均采用 REST API 接口，通过各个 OpenStack 项目提供的 API 来使用各个服务的功能，可以根据自己的需求做二次软件开发，功能实现较为简单。

② 通过 Horizon 的 Web 界面使用平台上的功能。

③ 通过命令行，使用各个服务的功能（社区目前的发展目标是使用一个单一的 OpenStack 命令替代每个项目一个命令的方式，以后会只存在一个 OpenStack 命令）。

5.3 OpenStack 的体系架构

OpenStack 各个组件的层级关系如图 5-1 所示。

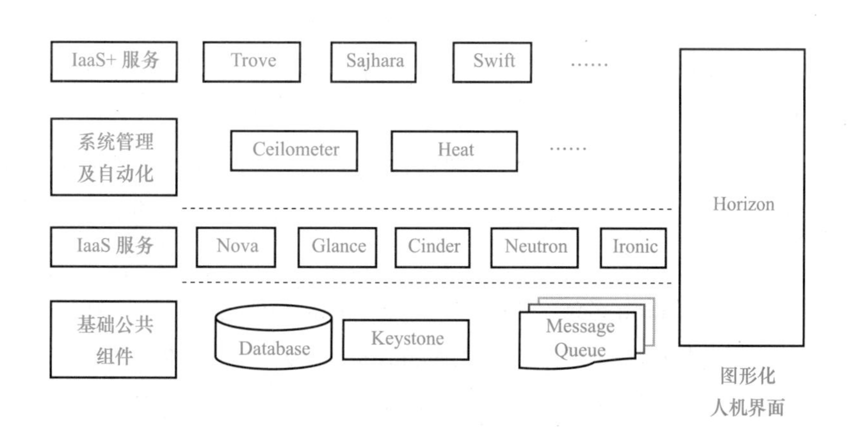

图 5-1 OpenStack 组件层级关系示意图

（1）Horizon

Horizon，是 OpenStack 中各种服务的 Web 管理门户，提供统一的管理界面，用于简化用户对服务的操作，例如，启动实例、分配 IP 地址、配置访问控制等。

（2）Keystone

Keystone 包括 OpenStack 的认证服务和用户信息管理服务，其中认证服务主要负责用户的登录认证和访问控制，用户信息管理主要是对用户角色、权限、租户等信息管理。

Keystone 的认证过程主要通过用户名、密码认证后，返回一个临时 Token，用户通过临时 Token 查询所属租户，一个用户可以对应多个租户，获得租户信息后，选择其中一个租户并通过用户名、密码认证后，Keystone 返回租户的 Token，使用该 Token 获取各个组件的服务。

（3）Nova

Nova 是 OpenStack 的核心，用于为单个用户或群组管理虚拟机实例的整个生命周期，根据用户需求来提供虚拟服务，负责虚拟机的创建、开机、关机、挂起、暂停、调整、迁移、重启、销毁等操作，配置 CPU、内存等信息规格。

Nova 负责处理虚拟机的所有流程，为虚拟机提供自动创建和管理功能，类似于 Amazon EC2 的 Web 服务。Nova 在创建虚拟机时需要一个镜像文件，通常该操作系统的镜像文件由 Glance 提供，并存储在 Cinder 或 Swift 等介质中。

（4）Cinder

为运行实例提供稳定的数据块存储服务，它的插件驱动架构有利于块设备的创建和管理，如创建卷、删除卷、在实例上挂载和卸载卷。

Cinder 的核心功能是对卷的管理，允许对卷、卷的类型、卷的快照、卷备份进行处理。它为云平台提供统一接口，通过驱动的方式接入不同种类的后端存储（本地存储、网络存储、FCSAN、IPSAN）与 OpenStack 进行整合提供块存储服务（类似于 Amazon EBS 服务）。

（5）Neutron

Neutron 提供不同层次的网络服务，为用户提供接口，可以定义 Network、Subnet、Router，配置 DHCP、DNS、负载均衡、L3 服务，网络支持 GRE、VLAN，是 OpenStack 核心项目之一。它将网络、子网、端口和路由器抽象化之后，虚拟主机就可以连接到这个虚拟网络上。其优势是部署或者改变一个 SDN 变得非常简单，都可在可视化的 Horizon 里实现。

Neutron 主要包括 Neutron-Server、插件 Plugin、Neutron 数据库、DHCP 代理、二层代理、三层代理和消息队列，如图 5-2 所示。其中 Neutron-Server 和插件 Plugin 主要接收 REST 请求，通过 Keystone 授权与数据库交互，对外提供 API 功能；二层代理主要连接网络端口，处理数据包；三层代理为客户机访问外部网络提供三层转发服务。

Neutron 采用的是分布式架构，其中 Neutron-Server 接收 API 的请求，通过 Plugin 的代理实现各种请求，并把 Neutron 的网络状态保存在数据库中，组件之间通过消息队列进行通信。其中 API 分为核心 API 和扩展 API 两个部分，核心 API 是对网络、子网和端口进行增、删、改、查操作，扩展 API 主要是针对具体插件的实现。

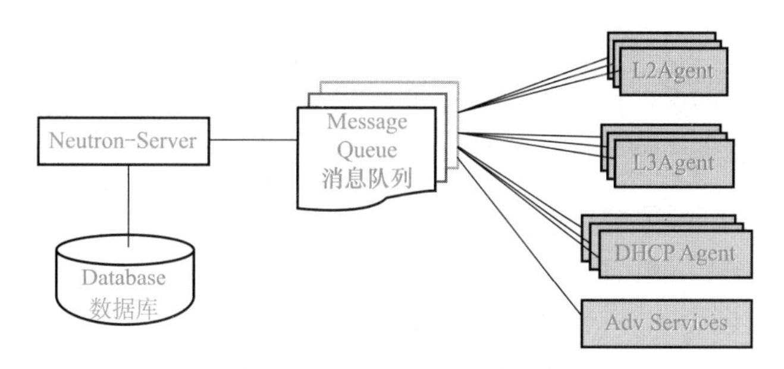

图 5-2　Neutron 逻辑架构示意图

云计算中的网络流量可以分为以下几个大类：

1）管理网络（API 网络）：用于云计算内部的管理流量，包括内部虚拟化组件之间、SDN 控制组件之间和消息队列等。管理流量一般不对外，并且需要连接云数据中心中的每一个服务器节点，并只在数据中心进行内部传输。OpenStack 管理网络流量同样需要连接所有的主机，其上传输的流量包 Horizon、Nova、Keystone、Glance 等组件的管理服务可通过管理网络与计算节点、网络节点上的 Agent、Client 进行通信。

2）租户网络：用于数据中心的各个租户之间的流量，提供云计算服务，保证用户内部虚拟机之间能够通信，同时隔离不同用户之间的流量，租户之间隔离的方式包括 VLAN、VXLAN（Virtual Extensible LAN，虚拟可扩展局域网）、NVGRE 等。租户网络同样通过二层的 Overlay 技术来对租户的流量进行标记，实现隔离 Neutron 支持的二层设备包括开源虚拟交换机和商用虚拟交换机的插件。

3）外部网络：租户网络只能通过业务虚拟机之间进行通信，与其他设备的通信都要通过外部网络转发。除了路由以外，外部网络往往还兼具 VPN、NAT、负载均衡、防火墙等职能。外部网络主要运行的是 Neutron 的各种插件，包括 L2 Agent、L3 Agent、DHCP Agent、VPN Agent、FW Agent 以及配套的各种软件，它为租户提供各种诸如 NAT、路由之类的出口服务。

4）存储网络：用于连接计算节点和存储节点，主要是为计算节点中的主机和虚拟机提供存储服务。存储网络不对外，在内部传输。在 OpenStack 架构中，存储网络普遍采用单独的存储服务器集群向计算节点服务器提供存储服务，且支持块存储、文件存储、对象存储多种类型。

（6）Glance

Glance 是一套虚拟机的镜像管理系统，它能够以多种形式存储镜像文件，具体如下：

1）用 OpenStack 对象存储机制 Swift 来存储镜像。

2）利用 Amazon 的简单存储解决方案（简称 S3）直接存储信息。

3）将 S3 存储与对象存储结合起来，作为 S3 访问的连接器。

OpenStack 镜像服务支持多种虚拟机镜像格式，包括 VMware（VMDK）、Amazon 镜像（AKI、ARI、AMI）以及 VirtualBox 所支持的各种磁盘格式。

（7）Swift

Swift 是一套用于在大规模可扩展系统中通过内置冗余及容错机制实现对象存储的

系统。可提供高可用、分布式、持久性、大文件的对象存储服务，这些对象能够通过 REST API 调用。Swift 采用层次数据模型，共设 Account、Container 和 Object（即账户、容器、对象）三层逻辑结构。每层节点数均没有限制，可以任意扩展。这里的账户和个人账户不是一个概念，可理解为租户，用来做顶层的隔离机制，可以被多个个人账户共同使用；容器代表封装一组对象，类似文件夹或目录；子节点代表对象，由元数据和内容两部分组成。

（8）Ceilometer

Ceilometer 提供测量功能，像一个漏斗一样能把 OpenStack 内部发生的几乎所有的事件都收集起来，然后为计费和监控以及其他服务提供数据支撑。

（9）Trove

Trove 提供数据库服务（Database Service）功能，为用户在 OpenStack 的环境提供可扩展和可靠的关系和非关系数据库引擎服务。

5.4 OpenStack 的应用

整个 OpenStack 是由控制节点、计算节点、网络节点和存储节点 4 部分组成。其中，控制节点负责对其他节点的控制，包含虚拟机建立、迁移、网络分配、存储分配等；计算节点负责虚拟机运行；网络节点负责对外网络与内网络之间的通信；存储节点负责对虚拟机的额外存储管理等。

使用 OpenStack 的多个组件搭建企业私有云，其中 Nova 提供计算虚拟化服务，是 OpenStack 的核心，负责管理和创建虚拟机。它方便扩展，支持多种虚拟化技术，并且可以部署在标准硬件上。Swift 提供对象存储服务，是一个分布式、可扩展、多副本的存储系统。Cinder 提供块存储服务，为 OpenStack 的虚拟机提供持久的块级存储设备。Neutron 提供网络虚拟化服务，是一个可拔插、可扩展、API 驱动的服务。Horizon 提供图形控制服务，可使用户方便地访问、使用和维护 OpenStack 中的资源。Glance 提供镜像服务，它旨在发现、注册和交付虚拟机磁盘和镜像。Ceilometer 提供用量统计服务，通过它可以方便地实现 OpenStack 计费功能。Heat 整合了 OpenStack 中的众多组件，类似 AWS 中的 CloudFormation，让用户能够通过模板来管理资源。Trove 基于 OpenStack 构建数据库服务。

从实施效果来看，基于 OpenStack 研发的私有云平台，提高了公司基础设施资源的利用率，降低了硬件成本。私有云平台将物理服务器 CPU 的利用率从不到 10% 提升到 50%，提高了基础设施资源管理与运维的自动化水平，降低了运维成本。自助式的资源申请和分配方式以及云平台自动部署服务，使所需的运维人员力量减少了 50%。利用虚拟化技术将物理基础设施进行池化，通过合理规划及按需使用，提高了基础设施资源的弹性，增强了业务访问的弹性需求。

5.5 OpenStack 开发案例

OpensStack 软件是一个云操作系统，用于控制整个数据中心的海量计算、存储和网络资源，借助统一视图或 OpensStack API 进行管理。它是一个可编程的架构，基于计算、网络、存储资源池之上构建了一系列的 API，为用户提供了一套开发云操作系统的架构和大量的组件项目。

华为 FusionSphere 就是基于 OpenStack 组件开发的面向多行业客户推出的云操作系统产品，具有提供强大的虚拟化功能和资源池管理、丰富的云基础服务组件和工具、开放的 API 接口等功能。FusionSphere 使用 OpenStack 作为管理资源的核心，同时加入了级联架构。

FusionSpherer 构成部件及架构如图 5-3 所示。

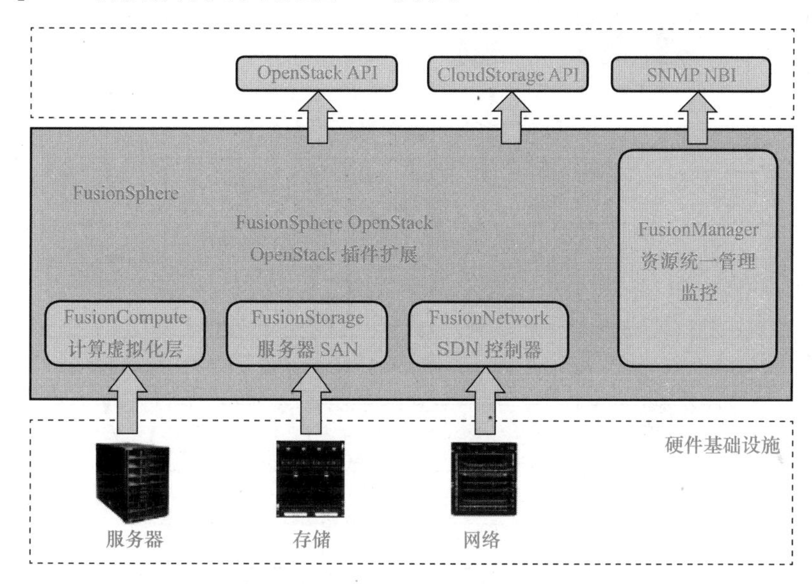

图 5-3　华为 FusionSphere 组件构成及逻辑架构示意图

其中主要功能组件简要介绍如下：

（1）FusionCompute

FusionCompute 是建立虚拟化环境用到的必选功能模块，负责对 X86 服务器、存储和网络的虚拟化，形成 IT 弹性资源池。FusionCompute 包含模块及模块间关系，如图 5-4 所示。

（2）FusionStorage

华为 FusionStorage 是一款分布式块存储软件，可以为 FusionSphere、VMware 和物理数据库环境提供高扩展、高性能、高可靠的块存储服务，支持 X86 服务器的本地硬盘，将其组织成一个大规模分布式存储资源池。该系统可以独立购买和使用，是构建 FusionSphere 环境的可选功能模块。

（3）FusionNetwork

FusionNetwork 是网络功能模块，是建立和使用高级网络功能、灵活配置管理网络功能的组件，是构建 FusionSphere 环境的可选功能模块。

FusionSphere 主要模块与 OpenStack 的关系如图 5-5 所示。OpenStack 模块是实现虚拟化环境的统一模型，OpenStack 被引入 FusionSphere 中，实现异构虚拟化环境的同一资源抽象、管理和分配。

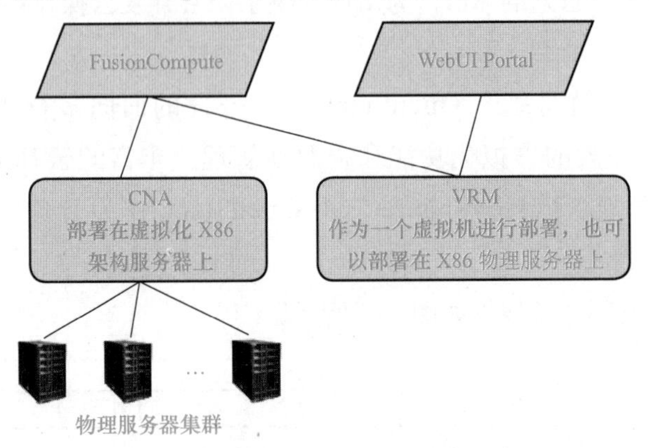

图 5-4　FusionCompute 模块构成示意图

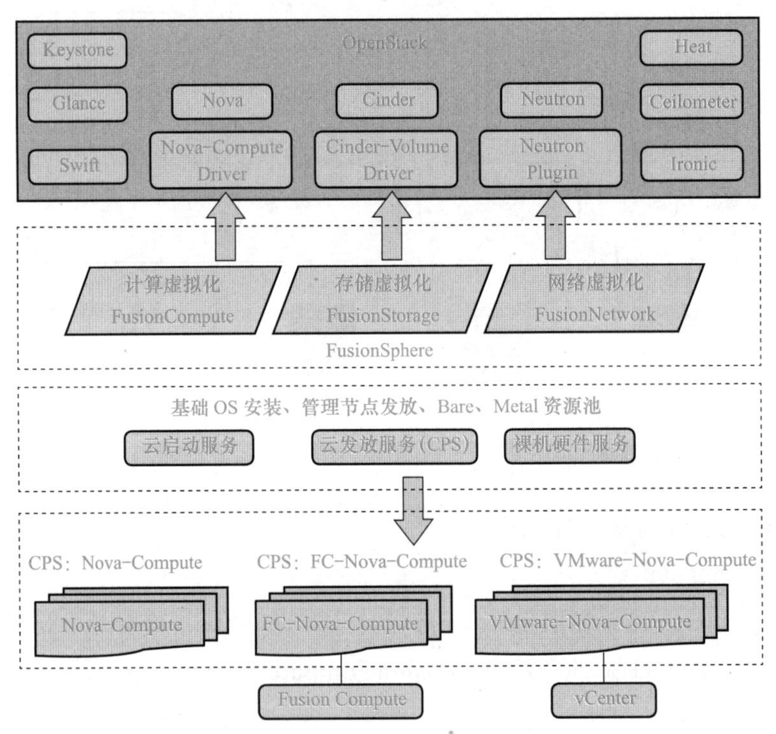

图 5-5　FusionSphere 主要模块与 OpenStack 的关系示意图

如何搭建华为 FusionSphere 云操作系统？华为的 FusionSphe 安装工具包中包含 FusionSphere OpenStack V100R006C10SPC100.ISO、FusionSphere OpenStack V100R006C10SPC100.tar.gz、FusionSphere OpenStack V100R006C10SPC100_InstallTool.tar.gz、FusionSphere OpenStack V100R006C10SPC100_OM.zip 等安装文件，用户可下载或购买最新版本。

本\章\小\结

OpenStack 是一个开源的云计算管理平台项目。因为其开源，所以聚集了全球顶尖云计算解决方案厂家和编程高手。OpenStack 在超过 80 个国家和地区的企业中使用，管理着超过 500 万个处理器核心。目前，全球 50% 的财富 100 强企业正在使用 OpenStack。同时，OpenStack 也发展到了目前仅次于 Linux 的开源社区，拥有大量顶尖的开发人员，可以说，OpenStack 已发展成当前云服务市场使用最为广泛的开源平台，形成了一个庞大的云技术开发乐园。其中包括 IBM、AMD、Intel、戴尔、思科、中兴、华为等众多软硬件开发商，推进了 OpenStack 社区的壮大和技术与应用的发展，已然成为公有云、私有云及混合云管理的“云操作系统”的标准。

正是由于大量的开发商和开发者的参与，OpenStack 发展迅速。国际上已经有很多使用 OpenStack 搭建的公有云、私有云、混合云，例如，RackspaceCloud、惠普云、MercadoLibre 的 IT 基础设施云、AT&T 的 CloudArchitec、戴尔的 OpenStack 解决方案等。国内 OpenStack 应用开发也如火如荼，华胜天成、高德地图、京东、阿里巴巴、百度等都已积极参与其中。OpenStack 开放活跃的生态乐园，不仅推进了云计算产业的发展，还为从业者提供了一个施展才华的创新平台。

OpenStack 以 Python 编程语言编写，虚拟机器软件支持包括 KVM、Xen、VirtualBox、QEMU、LXC、华为等主流厂商产品，是 IaaS 服务组件，用户可以借助该平台的服务组件，建立和提供公有云、私有云、混合云服务。

\习\题\

一、填空题

1．OpenStack 是使用______语言编写的云操作系统组件。

2．OpenStack 管理的资源是一个______，将各类______、______、______等硬件资源组织起来，形成一个完整的云平台。

3．OpenStack 的 Folsom 版本包含______、______和______3 大组件。

4．整个 OpenStack 是由控制节点、计算节点、网络节点和存储节点 4 部分组成。其中，________负责对其他节点的控制，包含虚拟机建立、迁移、网络分配、存储分配等；______负责虚拟机运行；______负责对外网络与内网络之间的通信；______负责对虚拟机的额外存储管理等。

5．使用 OpenStack 的多个组件搭建企业私有云，其中______提供计算虚拟化服务，是 OpenStack 的核心。负责管理和创建虚拟机。它方便扩展，支持多种虚拟化技术，并且可以部署在标准硬件上。

二、简答题

1．简述什么是 OpenStack。

2．简述 OpenStack 的功能特点。

3．简述 OpenStack 核心服务组件的功能。

拓\展\项\目

项目名称：在华为云上购买弹性虚拟云服务器。

学生毕业刚成立一个公司，需要信息化管理日常业务，但不想自己采购建设和管理信息化网络系统，因此想在华为云服务平台上购买云服务器、网络以及相应的企业管理软件等服务，将日常运维也交由云服务提供商负责。并且随着公司业务的发展，需要随时增购、扩展这些 IT 资源，以满足公司的业务需要。

背景知识：华为云 FusionSphere 是基于 OpenStack 开发的一套云操作系统解决方案，华为同时为用户提供了安装 FusionSphere 运行平台的弹性云 ICT 基础设施。通过申请和使用这些资源，企业无需在内部构建私有云数据中心，可以直接在华为云平台搭建属于自己的私有云环境，并将运维交给运营商负责。

操作提示：在华为云服务平台上，注册企业或个人账户，完成实名认证后，进入相应的云产品服务界面选购产品。具体步骤如下：

步骤 1：打开华为云主页（https://www.huaweicloud.com/），选择“产品”→“弹性云服务器 ECS”，如图 5-6 所示。

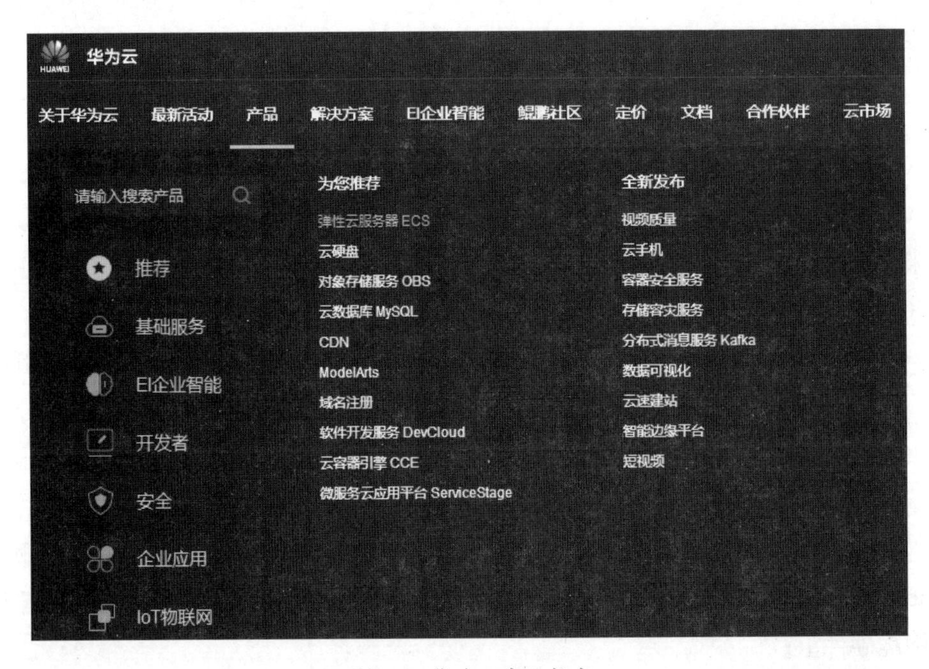

图 5-6　华为云产品超市

步骤 2：在弹出的窗口中，单击“立即购买”按钮，如图 5-7 所示。

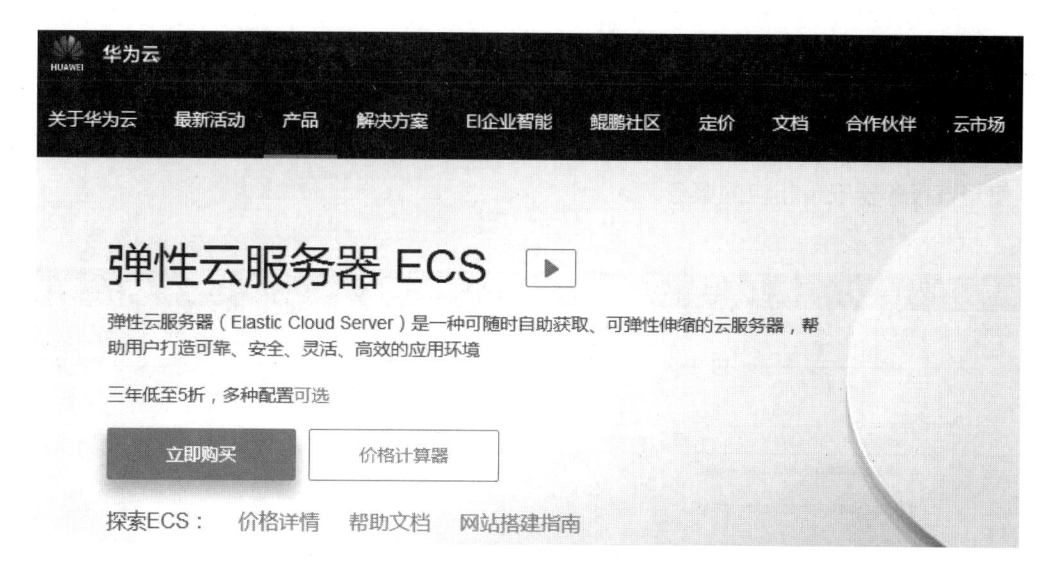

图 5-7　弹性云服务器采购

步骤 3：在接下来的选配窗口中，可以选择“自定义购买”选项，分别选择“计费模式”、“区域”（华为云数据中心提供服务的区域）、“规格”（服务器的配置规格）、“镜像”（选择服务器操作系统）、“系统盘”的大小和“购买量”，如图 5-8 所示。

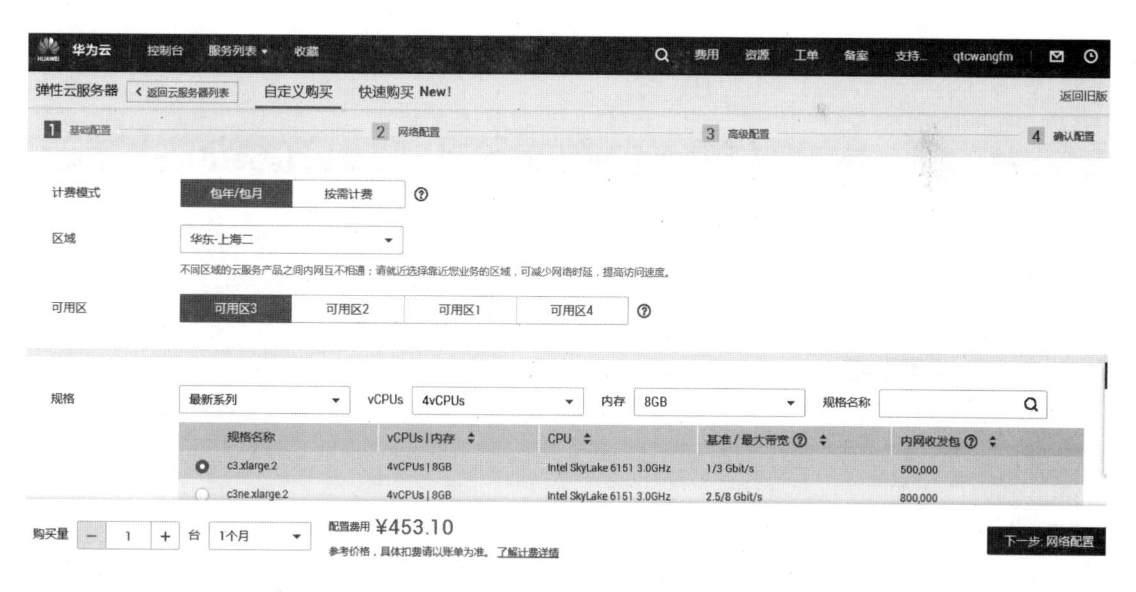

图 5-8　云服务器参数选配

步骤 4：单击“下一步：网络配置”按钮，进入到网络参数配置界面，包括“网络”、“扩展网卡”“安全组”“弹性公网 IP”等参数的配置，如图 5-9 所示。

步骤 5：单击“下一步：高级配置”按钮，在弹出的窗口中，设置“云服务器名称”“登录方式”“用户名”和“密码”等参数，如图 5-10 所示。

步骤 6：单击“下一步：确认配置”按钮，确认刚才所配置服务器的参数，如图 5-11 所示。

步骤 7：审核无误过后，单击“立即购买”按钮，弹出支付窗口，如图 5-12 所示。

步骤 8：可选择多种支付方式，完成支付后云平台会下发刚才所采购的云服务器，用户可以使用该服务器安装相应的服务。

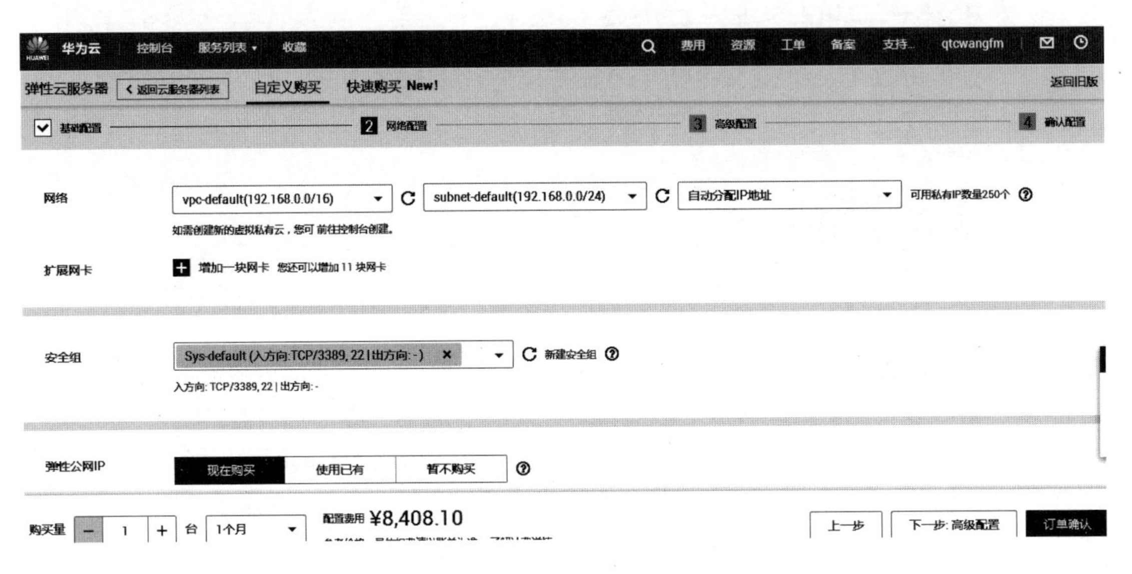

图 5-9　网络配置窗口

图 5-10　高级配置窗口

图 5-11　确认订单

图 5-12　支付窗口

Chapter 6

第6章 云计算数据中心规划建设

神秘的洞穴

在贵阳市的贵安新区，有着绵延的山，两座不起眼的山体之间的山洞中存放着腾讯最重要、最宝贵的数据。腾讯要把最重要的数据，像宝藏一样安全地存放在贵州这片不起眼的山洞之中。

使用智能手机的人大概都使用过腾讯的微信红包，该业务的使用量和产生的数据量十分惊人，特别是每年的除夕之夜，微信用户共收发超过几百亿个红包，如此大的数据信息流量是如何实时存储、处理的？这离不开支持着腾讯各项互联网业务的分布在国内外的庞大的数据中心。

数据中心是信息集中处理、存储、交换的物理空间，数据中心的数量是衡量科技公司提供云计算服务能力的重要指标之一。云计算已经成为各行各业的“水电煤”，成为“互联网 +”的基础设施，而数据中心则是云服务背后的刚性保障。

近年来，随着云计算市场的飞速发展，建设大数据中心成为各大云厂商争先布局的重点。根据 IDC 预测，到 2020 年中国企业用户对云计算数据中心的投资将超过传统数据中心的规模。未来工作负载将不断从传统数据中心向云计算数据中心过渡，到 2020 年全球有 92% 的工作负载将在云计算数据中心内处理。

本章导读

云计算数据中心是云计算核心资产最集中的地方，也是云系统运行和资源调度的管理中心。随着人类社会正逐步迈向智能时代，新技术、新业务层出不穷，这使得企业的ICT基础设施不断面临升级、扩容乃至重构的压力。同时，随着大数据（Big Data）、人工智能（Artificial Intelligence，AI）技术的广泛应用，如人脸识别、机器学习等，又带来了对图形处理器GPU（Graphics Processing Unit，GPU）、现场可编程门阵列（Field－Programmable Gate Array，FPGA）等异构计算资源的庞大需求，同时ICT设备数量的快速增长，给数据中心带来了节能减排的压力。因此，不论是私有云还是公有云，建设一个高性能、智能、节能的云数据中心，已成为构建云计算服务系统的重中之重。

本章将从数据中心的发展历程、数据中心的建设内容等方面，阐述云计算数据中心架构、组成和功能，对设计、规划和建设云计算数据中心，提出科学合理的建设方案，并通过一个真实的云计算数据中心招标方案，了解云计算数据中心的软硬件规划与配置。

学习目标

1. 了解数据中心的发展历程
2. 理解云计算数据中心的功能与定位
3. 理解云计算数据中心的组成架构
4. 了解云计算数据中心的设计、规划和建设的主要内容

6.1 云计算数据中心及其子系统

6.1.1 数据中心发展概述

（1）第一代数据中心

从数据中心的发展历程来看，国内的数据中心建设起源于 20 世纪 60 年代大型计算机专用机房的建设，这个时期的数据中心通常被称为计算中心，因为其主要功能是科研和国防领域的科学计算，称为第一代数据中心。

（2）第二代数据中心

1990 年前后，随着国家信息化建设的启动，商务计算的需求开始爆发，计算机设备进入塔式服务器和小型机机房时代。市场规模的急剧增长引起了机房建设的产业化发展，出现了专业分工的机房设备制造企业和机房工程实施服务企业，国家也陆续制定了相关的机房建设标准，这个时期的机房称为第二代数据中心。

（3）第三代数据中心

2000 年前后，随着互联网及其相关应用产业爆炸式发展，第一次出现了真正意义上的数据中心，即以提供互联网数据处理、存储、通信为服务模式的互联网数据中心（Internet Data Center, IDC）。由于 IDC 的规模巨大、计算设备数量众多，引起了服务器设备结构的革命性变化——机架化，这促进了数据中心设计模式及其相关基础设备制造的革命，例如，初期的高架地板下送风的气流组织模式和后期的关注机柜微环境的局部就近送风的气流组织模式、标准 19 英寸机柜、大容量 UPS、大容量空调系统等新技术、新设备。同时由于 IDC 用户对高可用性的追求，形成了以系统可用性为核心的设计理念，通过设备的冗余、系统的冗余等设计方法提高整个数据中心的可用性。由于代表了一个新时代的技术要求，所以形成了延续至今的数据中心建设模式。这个时期的数据中心被称为第三代数据中心。

（4）第四代数据中心

云时代的到来正在引领数据中心进入第四代发展时期即云计算数据中心时代。云计算业务模式带来了新增要求和便利条件，前者是一种技术挑战，而后者则是一种技术限制的放宽。新增要求主要表现在云计算业务模式所要求的规模效益引发的对数据中心的建设成本和运营费用的限制更加严格，便利条件主要表现在由虚拟技术，资源动态管理技术带来的对数据中心的局部可用性、可靠性要求的降低和放宽。数据中心的高可用性追求与低成本费用追求，是一对无法调和的矛盾。在第三代数据中心时代，前者占据核心目标的位置；而在第四代数据中心，由于计算技术革命带来的技术便利，使后者得以占据核心目标的位置。利用云计算技术带来的便利来降低数据中心的建设成本和运营费用，是贯穿整个第四代数据中心时期的技术主线。

6.1.2 云计算数据中心的定义及要素

云计算数据中心是一种基于云计算架构的计算、存储及网络资源松耦合，虚拟化各种 IT

设备，是模块化、自动化、可管理度更高、具备较高绿色节能程度的新型数据中心。云计算数据中心主要有以下几个特征：

1）IT 资源的全面虚拟化。包含对服务器、网络、存储等资源的虚拟化。

2）计算、存储及网络资源具有更高的松耦合度。用户可以单独或多选使用其中任意资源，实现不同应用与硬件资源的松耦合捆绑，大大提高了应用的灵活性和兼容性。

3）模块化程度更高。数据中心内的软硬件分离程度、机房区域模块化程度更高。

4）自动化管理程度更高。实现对机房内物理服务器、虚拟服务器、业务处理、计费服务等的自动化和流程化管理。

5）节能程度更高。云计算数据中心在各方面更加强调绿色节能标准，一般电源使用效率值（Power Usage Effectiveness，PUE）不超过 1.5。对云计算而言，应着重从高端服务器、高密度低成本服务器、海量存储设备和高性能计算设备等基础设施领域提高云计算数据中心的数据处理能力。云计算数据中心要求基础设施具有良好的弹性、扩展性、自动化、数据移动、多租户、空间效率和对虚拟化的支持，从而降低能耗。

6.1.3 云计算数据中心总体架构及其子系统

云计算数据中心架构分为服务和管理两大部分。在服务方面，主要以提供用户基于云的各种服务为主，与前面章节中阐述的云计算服务层次架构相同，即基础设施即服务（IaaS）、平台即服务（PaaS）、软件即服务（SaaS）。在管理方面，主要以云的管理层为主，它的功能是确保整个云数据中心能够安全、稳定地运行。典型的云计算数据中心架构示意图如图 6-1 所示。

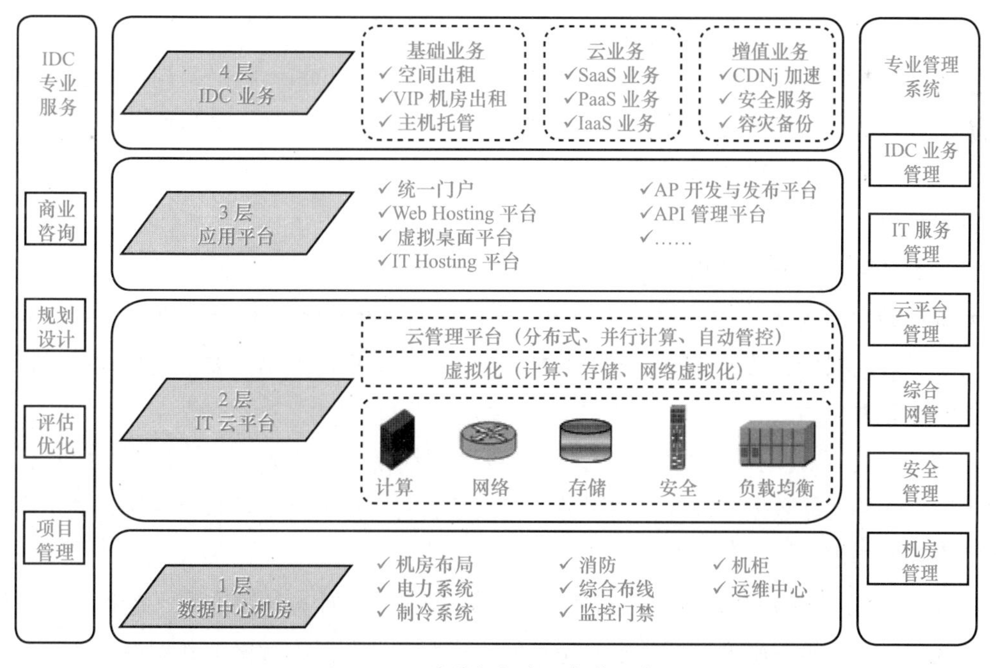

图 6-1 云计算数据中心架构示意图

一般云计算数据中心包含以下主要子系统：

（1）云计算机房架构

云计算机房采用标准化、模块化的机房设计架构。模块化机房包括集装箱模块化机房和楼宇模块化机房。集装箱模块化机房在室外无机房场景下应用，减轻了建设方在机房选址方面的压力，帮助建设方将半年的建设周期缩短到 2 个月，且能耗仅为传统机房的 50%，可适应沙漠炎热干旱地区和极地严寒地区的极端恶劣环境。楼宇模块化机房采用冷热风道隔离、精确送风、室外冷源等领先制冷技术，可适用于大中型数据中心的积木化建设和扩展。

（2）云计算网络系统架构

网络系统总体结构规划应坚持区域化、层次化、模块化的设计理念，使网络层次更加清楚、功能更加明确。数据中心网络根据业务性质或网络设备的作用进行区域划分，可从以下几方面的内容进行规划。

1）按照传送数据业务性质和面向用户的不同，网络系统可以划分为内部核心网、远程业务专网、公众服务网等区域。

2）按照网络结构中设备作用的不同，网络系统可以划分为核心层、汇聚层和接入层。

3）从网络服务的数据应用业务的独立性、各业务的互访关系及业务的安全隔离需求综合考虑，网络系统在逻辑上可以划分为存储区、应用业务区、前置区、系统管理区、托管区、外联网络接入区、内部网络接入区等。

此外，还有一种 Fabric 的网络架构。在数据中心部署云计算之后，传统的网络结构有可能产生网络延时问题，低延迟的服务器间通信和更高的双向带宽需要变得更加迫切。这就需要网络架构向扁平化方向发展，最终的目标是在任意两点之间尽量减少网络架构的数目。

Fabric 网络结构的关键之一就是消除网络层级的概念，Fabric 网络架构可以利用阵列技术来扁平化网络，将传统的三层结构压缩为两层，最终转变为一层，通过实现任意点之间的连接来消除复杂性和网络延迟。不过，Fabric 技术目前仍未有统一的标准，其推广应用还有待更多的实践。

（3）云计算主机系统架构

云计算的核心是计算力的集中和规模性突破，对外提供的计算类型决定了云计算数据中心的硬件基础架构。从云端客户需求来看，云计算数据中心通常需要规模化地提供以下几种类型的计算力：

1）高性能、稳定可靠的高端计算。主要处理紧耦合计算任务，这类计算不仅包括对外的数据库、商务智能数据挖掘等关键服务，还包括自身账户、计费等核心系统，通常由企业级大型服务器提供。

2）面向众多普通应用的通用型计算。用于提供低成本计算解决方案，这种计算对硬件要求较低，一般采用高密度、低成本的超密度集成服务器，以有效降低数据中心的运营成本和终端用户的使用成本。

3）面向科学计算、生物工程等业务。提供百万亿、千万亿次计算能力的高性能计算，其硬件基础是高性能集群。

（4）云计算存储系统架构

云计算采用数据统一集中存储的模式，在云计算平台中，数据如何放置是一个非常重要的问题，在实际使用过程中需要将数据分配到多个节点的多个磁盘当中。

（5）云计算应用平台架构

云计算应用平台采用面向服务架构 SOA 的方式，为部署和运行应用系统提供所需的基础设施资源，所以应用开发人员无需关心应用的底层硬件和应用的基础设施，并且可以根据应用需求动态扩展应用系统所需的资源。完整的应用平台提供如下的功能架构：

1）应用运行环境：包括分布式运行环境、多种类型的数据存储、动态资源伸缩等。

2）应用全生命周期支持：提供开发 SDK、IDE 等加快应用的开发、测试和部署。以 API 形式提供公共服务，如队列服务、存储服务和缓存服务等；监控、管理和计量方面，提供资源池、应用系统的管理和监控功能，精确计量应用使用所消耗的计算资源。

3）集成、复合应用构建能力：除了提供应用运行环境外，还需要提供连通性服务、整合服务、消息服务和流程服务等用于构建 SOA 架构风格的复合应用。

6.2 云计算数据中心的新技术

云计算数据中心的演进分 3 个阶段，第一阶段是基础设施即服务（IaaS），利用现有的硬件（存储），进行整合、虚拟化、动态的优化。第二阶段是逐步搭建一个开放的平台（PaaS），在这个平台上做创新、管理。第三阶段是形成一个企业的云服务中心（SaaS），关注企业商业模式创新、供应链的优化与外延，最终形成社区云。

传统数据中心基本没有实现虚拟化，而云计算数据中心最基本的是其内所有服务器、存储都是经过虚拟化的，比同规格传统数据中心机房内 IT 设备利用效率提高 60% 以上（满负荷情况）。传统数据中心计算、存储及网络资源是紧耦合的，也就是说其内的 IT 建设是烟囱式的，根据客户需求一个项目建设一套系统，扩展起来要对系统进行重新设计。而云计算数据中心的所有计算、存储及网络资源都是松耦合的，可以根据数据中心内各种资源的消耗比例而适当增加或减少某种资源的配置，这样能使数据中心的管理具有较大的灵活性，优化资源配置，按照客户的需求进行配置。自动化管理是传统数据中心没有的功能，云计算数据中心的自动化管理可以在规模较大的情况下，实现较少工作人员对数据中心的高度智能管理。此特性一方面能降低数据中心的人工维护成本，另一方面能提高管理效率，提升客户体验。

在绿色节能方面，一般情况下传统数据中心的 PUE 值在 1.8 ～ 2.5，而云计算数据中心一般低于 1.6，目前世界上最先进的云计算数据中心可以低至 1.1 甚至以下。对于规模化的数据中心，能源成本是其持续运营需要考虑的非常重要的因素。

当前云计算数据中心能够满足云计算提出的新的应用需求，提高服务能力，保证服务的高可靠性、高效率，降低企业单位构建和运营数据中心的成本，实现绿色节能的目标。下面对影响云计算数据中心部署和运营的关键新技术逐一分析，主要包括网络架构设计、网络融合技术、节能技术、虚拟化技术和安全技术。

6.2.1 网络架构设计

传统树形结构是基于二叉树构建的，采用垂直扩展方式，通过添加更高的层数及更高性能的交换机设备来实现扩展。但该拓扑难以克服传统树形结构的固有缺陷，流量在核心根节点处汇集，出现热点，核心节点容易成为网络性能的瓶颈；网络存在严重过载问题，高层采用高性能、高容量的交换机只能在一定程度上缓解过载，不能从根本上解决过载和热点问题；网络的扩展能力受限，采购高端口密度、高性能设备导致设备开销巨大，不利于构建大规模的数据中心。因此，基于未来数据中心对拓扑的高带宽、低时延、高可靠性及运营开销低、管理方便等要求，涌现出不少新的拓扑结构，如 Fat-Tree、VL2、BCube、DCell 等。Fat-Tree 通过在核心交换机处添加“粗”链路来解决热点问题，但扩展能力局限于核心交换机的端口数目；VL2 在解决热点问题及扩展能力上具有很好的性能，但仍具有布线复杂的缺点；DCell 结构具有很好的扩展性能，能够保证数据中心随着业务拓展及应用动态发展的需求扩展，但是流量分布不均匀，同时扩展粒度过大；BCube 结构是基于数据中心集装箱思想而设计的网络拓扑结构，适应于目前主流的 Data Centerin a Box 的构建思想，网络性能良好，但也存在扩展粒度过大的问题。随着云计算数据中心研究的不断深入、业务的不断扩展，现有拓扑在提供高带宽、低时延的网络性能及部署虚拟机方面已经显示出一定的不足，难以保证未来数据中心的发展对于网络设计高带宽、低时延、高可靠性、高灵活性的要求。

6.2.2 网络融合技术

当前传统数据中心发展模式已经严重阻碍数据中心的发展，以太网、存储网络及高性能计算网络融合是数据中心网络的发展趋势。通过融合可以实现降低成本、降低管理复杂度、提高安全性等目标。现阶段支持三网融合的关键技术主要有光纤以太网通道技术（Fiber Channel over Ethernet，FCoE）、数据中心桥接技术（Data Center Bridging，DCB）及多链接透明互联（TRILL）等。FCoE 以太网光纤通道，通过在以太网上传输 FC 的数据，实现 I/O 接口整合，减少数据中心的复杂性。DCB 是数据中心内部“三网融合”的关键技术，也被称为融合增强型以太网（Convergence Enhanced Ethernet，CEE）。其核心是将以太网发展成为拥有阻塞管理和流量控制功能的低延迟的和不丢弃数据包的传输技术，从而拥有以太网的低成本、可扩展和 FC 的可靠性。TRILL 由 IET 推进，属于两层标准，其核心是为克服生成树协议（STP）在规模上和拓扑重聚方面存在的不足。TRILL 是一个基于最短路径架构路由的多标准以太网络协议，主要作用是通过整合网桥和路由器的优点，将链路状态路由技术应用在两层，提高对单播和多播在多路径方面的支持，并降低延迟。

6.2.3 节能技术

当前数据中心运行能耗及制冷能耗开销过大，既给企业增加负担，也不利于资源节约及环境保护，因此对云计算数据中心的一项要求是降低能耗。在建设云计算数据中心的地点选择上，各大公司多数考虑环境温度较低之处，从而利用当地适宜的气候进行冷却。供电方面，对云计算数据中心可以采用风能、太阳能等清洁可再生能源，减少碳排放，应对全球气候变暖问题。例如，谷歌在北达科他州的数据中心使用 NextEra Energy Resources 的风力发电提供能源；思科推出了 Energy Wise 技术，能够帮助企业获得和判断设备能耗和运行状况，通过可控性网络管理降低处于静态或动态的装置能耗，从而降低网络管理的复杂性；华三通 S12500 通过智能化的 EMS 引擎系统，对电源进行智能管理，从而降低系统能耗。

6.2.4 虚拟化技术

虚拟化技术是将硬件资源抽象化，经整合之后再分配，使资源设备便捷、高效地使用。按虚拟化技术的应用特点，虚拟化技术主要分为以下几类：服务器虚拟化、存储虚拟化、网络虚拟化及桌面虚拟化。将虚拟化技术应用于数据中心领域，能够解决阻碍数据中心发展的诸多问题，如提高物理设备的利用率、有效降低数据中心运维成本、降低能耗以及保证数据中心服务的可靠性、连续性。但是在云计算数据中心中应用虚拟化技术也存在一些问题，比如，当前业界没有统一的虚拟化标准平台和开放协议，移植和管理工具尚不成熟，虚化运作存在一定风险等。

6.2.5 安全技术

作为集中了用户最重要信息的资产，云计算数据中心安全的重要性不言而喻。常见的攻击类型包括应用层攻击、网络层攻击以及对网络基础设施的攻击等。云计算数据中心对网络边界层面的防护包括对非法访问的阻断、对访问用户身份的识别、监测攻击情况以及防止数据被篡改等。

6.3 云计算数据中心的规划与建设

6.3.1 规划与建设的主要内容

云计算数据中心的规划与建设主要体现在：通过提供针对数据中心的 IT 规划、架构设计、建设实施等全方位的服务，为企业提供由内到外统一的基础架构平台服务，建设基于 IaaS 云计算平台的新一代数据中心。云计算数据中心将改变模式单一、重复建设、各自为阵的状态，最终实现一切皆服务，帮助解决传统数据中心不断上升的基础架构成本与维护成本、资源交付速度慢、系统建设周期长、业务弹性差及不断上升的能源需求等诸多问题。通过建设基础架构共享、资源共享、集中管理的 IT 系统，满足企业业务发展的需要。

在云计算数据中心的建设过程中，应提供的服务有以下几类：

（1）IT 规划咨询服务

以云计算架构战略为基础对云数据中心未来的发展进行动态基础架构规划、安全规划及业务交付和管理规划，确定发展方向和详细的发展路线图。

（2）云计算架构设计和实施服务

主要包括：

1）资源池及服务设计，整合与规划 IT 资源池，实现 IT 资源统一规划。

2）资源池构建，建设模块化、标准化的 IT 资源池。

（3）资源整合和迁移服务

云计算数据中心的数据资源按照分析型的历史数据库、共享型的共享数据库和操作型的业务数据库构成一个完整的体系。对现有业务系统按照不同要求进行资源池迁移，满足业务系统对性能、可用性及可靠性要求，并在迁移过程中保证关键业务的连续性。

围绕云计算数据中心的建设，应开发多个解决方案，且每个解决方案均有专业的售前支持团队和售后实施团队。这些解决方案不是分散、无关的，而是针对用户的不同情况，在各方面均给予综合考虑，以最优的设计方案来满足用户的需要，并兼顾其他方面的后继需求。

6.3.2 建设阶段

云计算数据中心的建设阶段与第三代互联网数据中心相同，也需要考虑以下各个子系统：供配电、空气调节、机柜、布线、监控、防雷接地、安防、消防等，不同的是每一个子系统都需要将考虑的核心因素从“追求高可用性”转移到“利用云计算技术便利追求低成本”方面来。主要方法是改变建设理念、追求节能且低成本的基础设施设备，具体的技术路线是模块化、智能化、节能化、双层融合和双层分离等。

1）模块化：指的是系统级的模块化，它能够缩短建设周期，便于进行模块级的可用性管理，进行模块级和数据中心级的能效管理。

2）智能化：指的是系统级的自动化，它能实现各层设备之间的互动和数据中心级的自动控制，便于实现设备级、模块级、数据中心级的可用性管理和能效管理。

3）节能化：主要指设备级别的高能效指标的产品设计与选择。

4）双层融合：指的是信息系统设备（或称“数据中心主设备”，指服务器设备、存储设备和通信设备）层面与基础设施设备（或称“数据中心机房设备”，指供电、空调等设备）层面的融合，即两种设备在设计上的协调和统一、在物理结构和外观上的一体化，它为模块化、智能化、节能化带来技术便利，也是提高运营管理水平的前提条件。

5）双层分离：指的是数据中心基础设施层面与建筑基础设施层面的分离，即切断两层之间的关联，将前者从后者物理结构的束缚中剥离、解放出来，将建设过程中尽量多的现场工程实施工作，通过所谓的“工程产品化”转移到工厂中去，其结果是降低了工程实施过程对数据中心可靠性、可用性的贡献度，同时也将工程实施周期前移至产品的生产过程中去。这可以显著提高建设速度，降低工程实施的离散性，提高数据中心的可靠性、可用性和灵活性。

 云计算数据中心建设案例

6.4.1 项目需求分析与规划

某职业院校拟建设云计算数据中心，实现对学校资源的集中管理、分配、调度，并充分共享使用这些资源。具体建设内容和需求如下：

1）云计算操作系统管理平台：实现基础设施云计算服务管理，提供包括资源分配和回收、快速部署、项目流程管理、资源监控和使用统计等高级功能；并提供开发 API 供二次开发和客户化使用。

2）计算资源池：由至少 10 台 4 路 X86 芯片的 PC 服务器构成，可以根据需求动态增加服务器数量。该池可实现对 X86 虚拟化技术的管理，提供多个基于 X86 的 Windows 或 Linux 虚拟环境。

3）网络资源池：由 1 台防火墙、2 台核心交换机、6 台接入交换机构成。要求针对学院现有网络及网络架构，提出两校区网络连接架构解决方案，既保证现有网络运行良好，也能实现私有云计算平台的高效运转。

4）存储资源池：由 2 台磁盘阵列构成，实现存储资源统一管理、为服务器系统池提供自动化供给的基础设施管理功能。要求能够与现有的存储系统互连，并针对存储系统可能出现的故障、瓶颈、容灾等问题，提供存储架构解决方案。

5）安全模块：根据私有云计算平台建设和发展情况，提供数据安全和信息安全解决方案，降低安全策略对资源消耗的解决方案。

6）数据（系统）迁移方案：私有云计算平台搭建之后，要将部分应用系统迁移至新的平台上。要求有完善、可靠的数据迁移方案以及应急预案。

7）实施方案：要对网络优化、私有云计算平台搭建、应用系统迁移等，提供项目具体实施方案。

6.4.2 项目建设目标

1）云计算基础设施平台：采用虚拟化技术对服务器、存储系统、网络资源等进行整合，建成具有弹性计算、负载均衡、动态迁移、按需供给、自动化部署、容灾、支持异构环境等功能的云计算基础设施平台。主校区和分校区两地数据中心支持双活。

2）云计算运营管理：建立物理资源和虚拟资源统一监控、管理、服务系统，提供面向基础设施层面的资源池管理和面向用户及业务的运营支撑管理，提供故障管理、计费管理、性能管理、配置管理、安全管理等，实现对构建在主流虚拟化工具上的虚拟资源池的日常运营维护和管理控制。

3）云计算信息安全防护系统：配置防火墙、入侵防御系统 IPS、VPN 网关、防病毒软件，构建安全保障技术体系。

数据中心网络拓扑如图 6-2 所示。

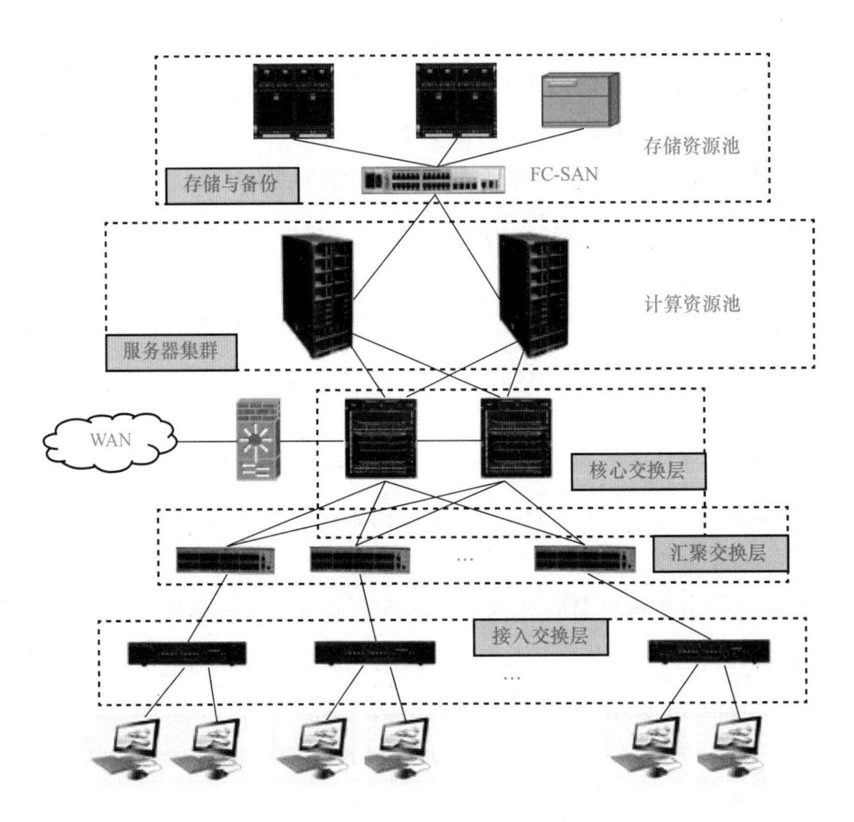

图 6-2 数据中心网络拓扑示意图

6.4.3 设备配置

构建云计算数据中心所需要的主要设备和云操作系统等清单及配置参数要求见表 6-1。

表 6-1　云计算中心核心设备配置清单

序　号	系统名称	内　容	主要配置参数	数　量	单　位
1	云数据中心计算池	刀片服务器机箱	刀片式，机架安装，≥ 10U； 支持≥ 16 片半高服务器或≥ 8 片全高服务器； 支持基于 Windows/Linux/Unix 操作系统的刀片式服务器混插； 支持刀片式磁盘存储设备； 支持刀片式磁带备份设备； 支持刀片式 PCI 扩展设备； 配置≥ 2 个 LAN 全万兆虚拟 I/O 以太网络互联模块，每个互联模块内部≥ 16 个 10GB 万兆服务器端口； ≥ 8 个 10GB 万兆外部上联端口； ≥ 2 个 10GB 万兆的交叉互连端口； ≥ 6 个冗余热插拔交流电源，支持 N+1、N+N 电源冗余模式，N ≥ 3	2	套
		刀片服务器	全高（宽）刀片服务器； 主流服务器 CPU 系列≥ 4 个 8 核； 内存实配 256GB，可扩充至 1024GB； 内置硬盘实配≥ 2 块 300GB 10K SAS； SAS 磁盘阵列控制器； 配置≥ 4 个万兆以太网接口，支持 FCoE、TOE、iSCSI、RDMA 技术	10	台
		云平台管理系统	实现在同一个界面中管理物理服务器和虚拟服务器； 支持 X86 物理服务器和主流虚拟平台系统的统一管理； 最多可支持 12 000 台虚拟服务器； 支持将系统从源物理服务器迁移至目标物理服务器（P2P）； 支持将系统从物理服务器迁移至虚拟服务器（P2V）； 支持虚拟机在不同虚拟平台之间的迁移（V2V）	16 颗 CPU	许可
		服务器虚拟化	采用全裸金属架构； 虚拟机可以实现物理机的全部功能； 每台 VM（虚拟机）的 CPU 数量可以达到 64 个 vCPU； 内建虚拟交换机 vSwitch 的数量可以达到 127 个，每个 VSwitch 的端口数量可以达到 1016 个； 多台物理机可以实现虚拟化集群，一个集群内的物理机数量可达到 32 台	16 颗 CPU	许可
		云平台桌面虚拟化系统	支持 USB 设备重定向，支持 USB 3.0 设备； 支持 PC、瘦客户机客户端访问虚拟机桌面平台； 支持专用的零客户端设备，即开即用，提供安全高速的桌面访问； 多种前端协议支持，如 HP RGS，PCOIP，RDP，提供多种显示协议的统一管理及接入	400 并发用户	许可

（续）

<table>
<tr><th>序　号</th><th>系统名称</th><th>内　容</th><th>主要配置参数</th><th>数　量</th><th>单　位</th></tr>
<tr><td rowspan="3">2</td><td rowspan="3">存储资源池</td><td>统一存储</td><td>要求存储设备为双活高可用冗余控制器结构，配置2个控制器，可扩充≥4个以上控制器，单一系统可支持NAS服务；
控制器CPU采用64位服务器专用处理器，CPU不少于4核。CPU的主频≥2GHz；
支持最大不低于24个总端口数，最大16个8GB FC接口，最大不低于16个1GB iSCSI端口，最大不低于8个10GB iSCSI端口支持；
支持10GB FCoE端口，最大支持8个10GB FCoE端口；
可同时支持固态硬盘（SSD）、15000转/10000转硬盘，大容量SATA硬盘</td><td>2</td><td>套</td></tr>
<tr><td>备份软件</td><td>支持主从架构（Client/Server）环境；
Server端需支持主流操作系统（包括Windows、HP-UX、Solaris、Linux）；
Client端需支持通用操作系统平台（包括AIX、HP-UX、Solaris、Windows、Linux、HP OpenVMS等）；
支持Oracle、Informix、Sybase、DB2、MS SQL、SAPDB/MaxDB数据库及Exchange、SAP、Baan IV、Lotus Domino/Notes等应用程序的在线跨平台备份</td><td>1</td><td>套</td></tr>
<tr><td>备份虚拟带库</td><td>提供前置消重功能，最大吞吐率≥360 MB/s，≥1.3TB/h；
重复数据删除：支持块（Block）级去重功能；
采用动态去重方式，减少对网络带宽的影响，根据不同数据类型，去重比例可达20:1；
≥2个4GB FC，≥2个千兆以太网络接口，可接入FC SAN网或接入以太网</td><td>1</td><td>套</td></tr>
<tr><td rowspan="3">3</td><td rowspan="3">操作系统</td><td>Windows Server 2012标准版25用户</td><td>—</td><td>4</td><td>套</td></tr>
<tr><td>Red Hat Enterprise Linux 6（6.0及以上企业版）</td><td>—</td><td>1</td><td>套</td></tr>
<tr><td>SQL Server 2012教育企业版10用户</td><td>—</td><td>1</td><td>套</td></tr>
<tr><td>4</td><td>杀毒软件</td><td>服务器端虚拟化杀毒软件</td><td>—</td><td>100</td><td>用户</td></tr>
<tr><td>5</td><td>核心
交换机</td><td>基本配置</td><td>交换容量≥16Tbit/s；转发性能≥5500Mpacket/s；
本次要求设备配置双引擎、双电源；
配置千兆光口≥16个，千兆电口≥8个，40GB光口≥4个，交换网板≥4个；
支持100GB以太网标准的业务板卡；
整机业务插槽数量≥8个；
千兆电接口数量≥48个；
千兆光接口数量≥4个；
万兆光接口数量≥2个；
支持2个扩展插槽</td><td>2</td><td>套</td></tr>
</table>

（续）

序　号	系统名称	内　容	主要配置参数	数　量	单　位
6	接入交换机	基本配置	交换容量≥240Gbit/s，转发性能≥130Mpacket/s； 千兆电接口数量≥48个；千兆光接口数量≥4个； 万兆光接口数量≥2个；支持2个扩展插槽	10	套
7	多功能安全网关	基本配置	接口要求：SFP口≥8个，千兆电口≥4个，配置口≥1个，AUX口≥1个，USB口≥1个，扩展插槽≥4个，可扩展Bypass模块、存储模块、热插拔的防病毒功能板卡，可扩展GE/SFP接口模块、接口最大可扩展到40个； 防火墙吞吐量≥10Gbit/s，IPS吞吐≥2Gbit/s，IPsec VPN吞吐率（AES256+SHA-1）≥4Gbit/s，最大并发连接≥400万，最大IPsec VPN隧道数≥6000，每秒新建会话≥12万，SSLVPN并发用户数支持至少4000个	1	套

本章小结

云计算数据中心是云计算工程建设的中心任务，也是云计算运行与管理的核心，其建设内容不仅包含了ICT相关软硬件设施，也包含了整个中心运行的基础保障设施，如供电、防雷、温湿度调控、照明、消防、装饰等一系列建设内容。

数据中心建设涉及的内容比较多，国家对数据中心建设制定了相应的设计标准，如《数据中心设计规范》（GB 50174-2017，2018年1月1日生效）、《互联网数据中心（IDC）工程设计规范》（YD 5193-2014）；包括建筑及结构规范方面标准、给排水规范、电气技术规范等近10个规范标准。因此，在进行云计算数据中心建设过程中，必须按照相应的标准进行规划建设、测试和验收，以保障中心安全可靠运行。

数据中心建设经过4个阶段的发展，目前已经进入到云计算数据中心建设阶段，其设计架构主要包含云计算机房架构、云计算网络系统架构、计算主机系统架构、云计算存储系统架构以及云计算应用平台架构等模块。新一代云计算中心的特点会体现在智能管理、高可用性、高利用率、灵活扩展、高效节能等方面。

习题

一、填空题

1．云计算数据中心主要包括以下5个特征，分别是：

（1）______；（2）______；（3）______；（4）______；（5）______。

2．在云数据中心建设过程中，应提供全面的服务，主要有以下几类：

（1）______；（2）______；（3）______。

3．云计算数据中心建设具体技术路线主要包括：

（1）______；（2）______；（3）______；（4）______；（5）______。

4．云计算数据中心建设的关注点主要有：______、______、______、______。其技术发展方向和特点主要包括______、______。

二、简答题

1．数据中心经历了哪几个阶段？

2．云计算数据中心与传统数据中心有何异同？

3．云计算数据中心架构主要包含哪些模块？

拓\展\项\目

项目名称：在阿里公有云虚拟数据中心 VDC 上创建虚拟私有云（虚拟专用网络 VPC）。

企业管理离不开信息化手段，有了云计算服务提供商提供的软硬件产品，企业就可以不再花精力建设、管理和维护这些 ICT 资源。根据企业业务的规模，可以在云服务提供商的数据中心申请一个属于自己应用的虚拟专用网络，即虚拟私有云 VPC，就像自己建设的数据中心一样，可以在 VPC 上安装和运行企业信息化系统，既方便快捷，又免除了大量管理和维护的各种成本。

背景知识：虚拟私有云 VPC（Virtual Private Cloud）即虚拟专用网络，VPC 为一个安全域，一个 VPC 对应一类业务或一个部门。VPC 使用虚拟数据中心 VDC（Virtual Data Center）下的资源，一个 VPC 属于一个 VDC，一个 VDC 下可以有多个 VPC。VDC 是在数据中心上创建的面向最终组织的 IaaS 资源容器，具有计算、存储、网络等全面的资源配额。公有云管理员可以定义 VDC 并为 VDC 分配租户，只有该 VDC 的租户才可以管理该 VDC 下的虚拟机。

VPC 具有以下特性：

1）隔离环境：VPC 提供隔离的虚拟机和网络环境，满足不同部门网络隔离要求。

2）业务丰富：每个 VPC 可以提供独立的虚拟防火墙、弹性 IP、安全组、SuperVLAN、IPSec VPN、NAT 网关等业务（部分功能可通过 vFW 提供）。

3）灵活的组网：支持直联网络、路由网络多种组网模式。

操作提示：

步骤 1：打开阿里云官网（https://www.aliyun.com/），查找 VPC 产品，如图 6-3 所示。

步骤 2：在弹出的窗口中。单击“专用网络 VPC”，进入交易窗口，如图 6-4 所示。

步骤 3：单击“立即开通”按钮，进入登录窗口，如图 6-5 所示。可以选择使用淘宝、支付宝账户登录，如没有开通账号。可以选择“免费注册”，并完成实名认证后即可登录。

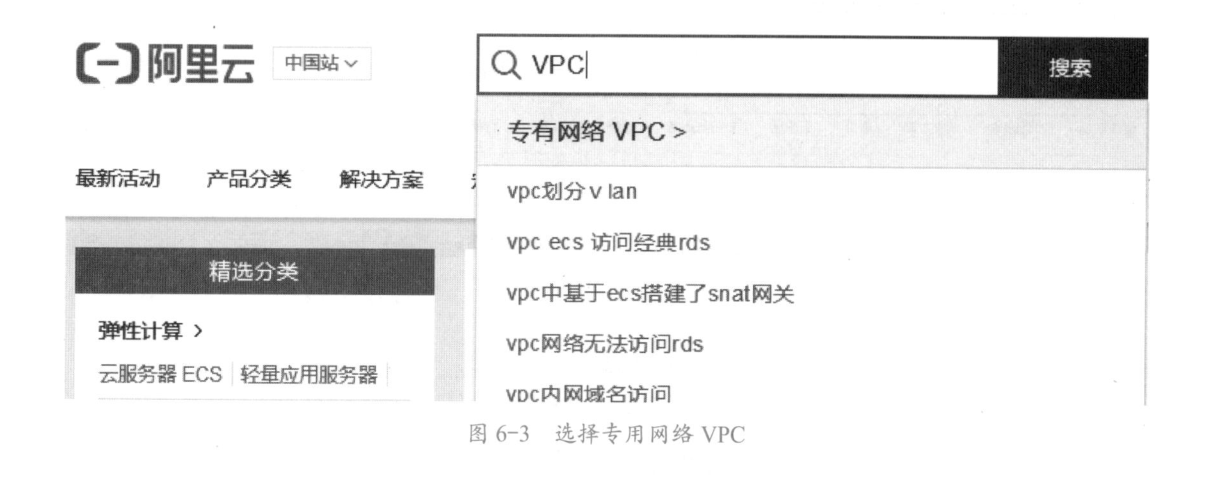

图 6-3　选择专用网络 VPC

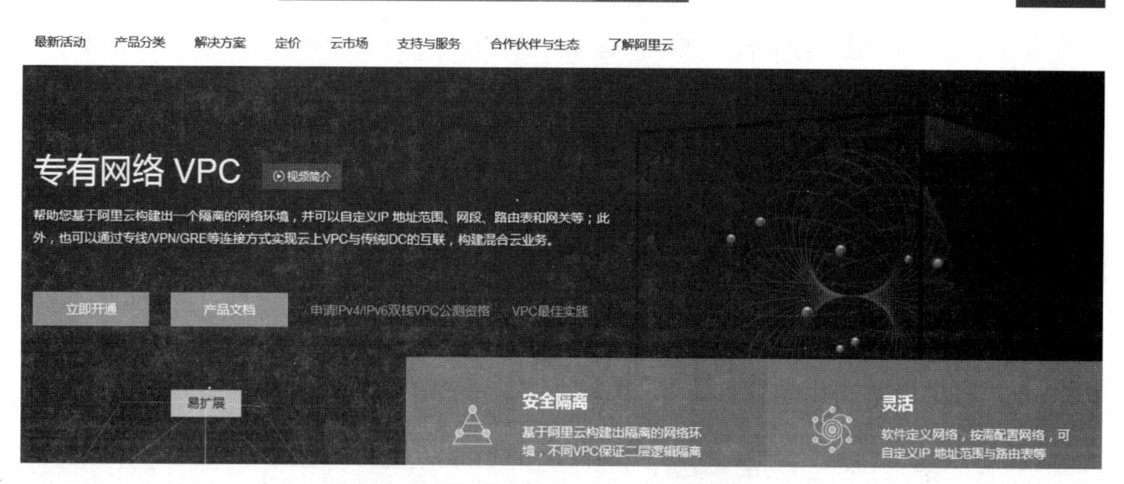

图 6-4　专有网络 VPC 交易窗口

图 6-5　账户登录

步骤 4：登录成功并同意协议条款，完成开通工作，如图 6-6 所示。

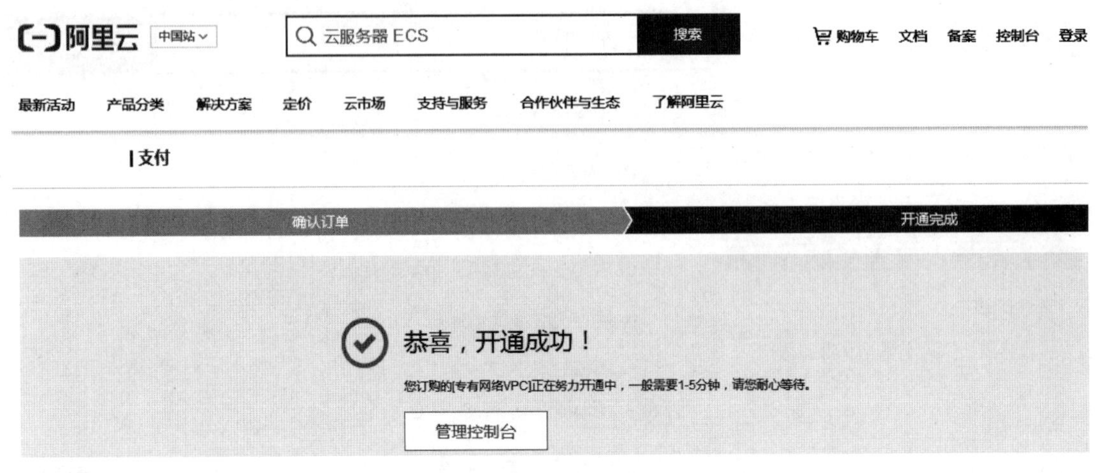

图 6-6 完成 VPC 账户开通

步骤 5：单击“管理控制台”按钮，在弹出的窗口中，选择“创建专有网络”选项卡，弹出如图 6-7 所示窗口。填写“专有网络”“交换机”等参数。

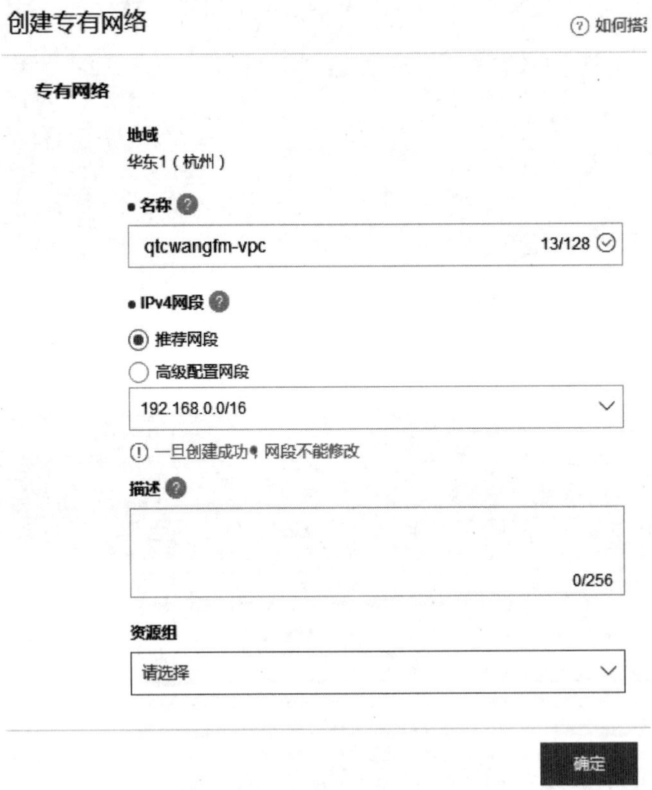

创建专有网络
如何搭
专有网络
地域
华东1（杭州）
• 名称
qtcwangfm-vpc 13/128
• IPv4网段
推荐网段
高级配置网段
192.168.0.0/16
一旦创建成功，网段不能修改
描述
0/256
资源组
请选择
确定

图 6-7 创建专有网络窗口

步骤 6：单击“确定”按钮，在弹出的窗口中，如果信息无误则单击“完成”按钮。然后回到其他参数的设置窗口根据需要进行其他参数的配置，如图 6-8 所示。

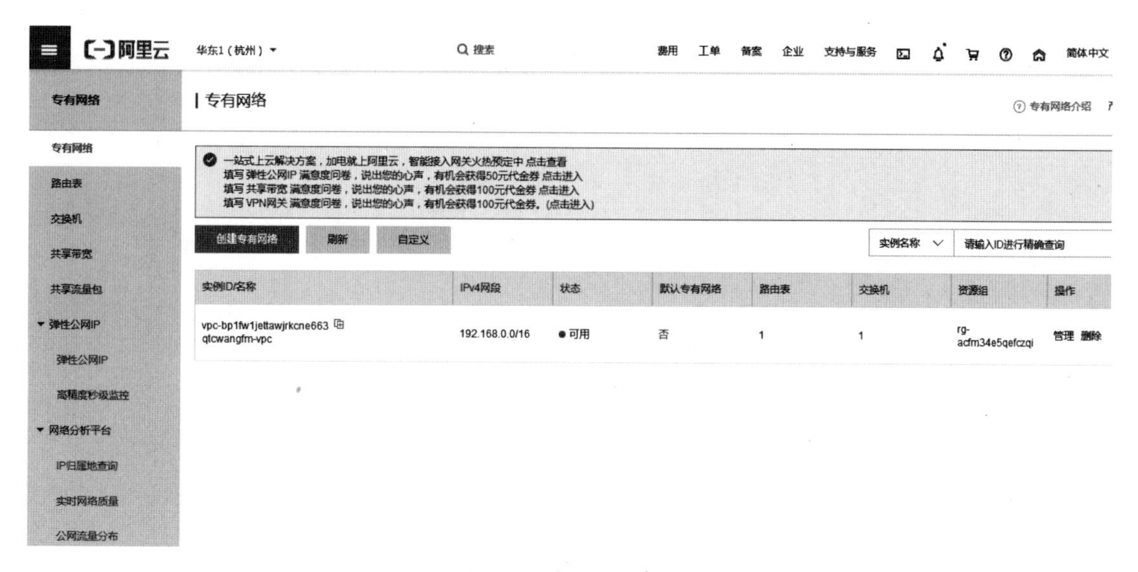
阿里云
华东1（杭州）
搜索
费用
工单
备案
企业
支持与服务
简体中文
专有网络
专有网络介绍
专有网络
路由表
交换机
共享带宽
共享流量包
弹性公网IP
弹性公网IP
高精度秒级监控
网络分析平台
IP归属地查询
实时网络质量
公网流量分布
一站式上云解决方案，加电就上阿里云，智能接入网关火热预定中 点击查看
填写 弹性公网IP 满意度问卷，说出您的心声，有机会获得50元代金券 点击进入
填写 共享带宽 满意度问卷，说出您的心声，有机会获得100元代金券 点击进入
填写 VPN网关 满意度问卷，说出您的心声，有机会获得100元代金券。(点击进入)
创建专有网络
刷新
自定义
实例名称
请输入ID进行精确查询
实例ID/名称
IPv4网段
状态
默认专有网络
路由表
交换机
资源组
操作
vpc-bp1fw1jettawjrkcne663
qtcwangfm-vpc
192.168.0.0/16
可用
否
1
1
rg-acfm34e5qefczqi
管理
删除

图 6-8 返回设置窗口

Chapter 7

第7章 云计算与桌面云

桌面，天边飞来的“一片云”

企业生产线和员工办公都需要大量的 PC (Personal Computer)，企业存在大量的生产订单数据、客户数据等，对其信息保密性要求非常高，传统 PC 在业务处理过程中会将数据留存在本地硬盘，对这些留存在生产经营环境场所的计算机上的数据，其安全管控难以满足要求，且在企业生产经营活动中，庞大的 PC 会频繁发生软件崩溃、配置损坏、软件升级等问题，给运维带来了大量繁杂低效的工作，维护成本高且效率低。

针对这些问题，富士康公司选择部署云桌面方案。富士康在全球的员工数量超过 120 万，其业务终端数量非常惊人，对这些终端有非常严苛的安全规范，尤其是对生产线上的计算机升级带来巨大的挑战。在部署深信服云桌面方案后，集团数据存储在服务端，统一禁止 U 盘读取数据，防止数据外泄。集团通过授权可以对所有的云桌面终端进行集中管控和调配，根据生产的需要进行无缝的迁移，使用硬件一体化的云终端替代传统的 PC，极大地减少了终端硬件的配置成本和故障率。通过软件分发功能，总部可进行一键式软件升级和文档分发，大大提升了软件升级的效率。还可实现远程移动办公，用户可以使用云终端、笔记本计算机、智能终端等不同设备随时访问云桌面。通过采用桌面云方案，富士康集团的信息化运行管理效率提升到一个新的高度，如图 7–1 所示。

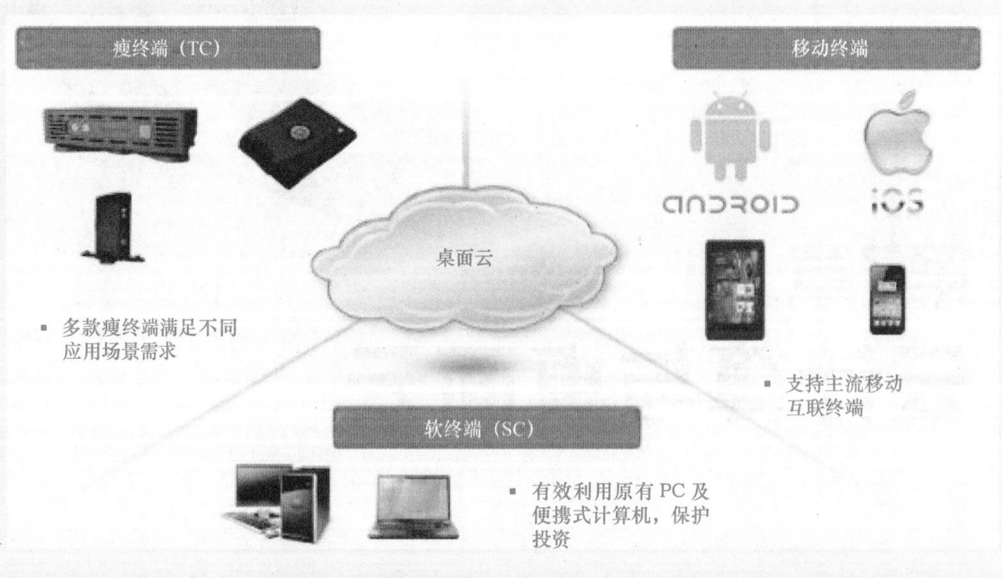

图 7-1　桌面云方案

本章导读

桌面云实质上就是桌面虚拟化系统。桌面虚拟化就是通过云数据中心将计算机应用桌面进行虚拟化，允许客户端通过计算机终端或手机等移动设备远程接入到虚拟桌面，构成桌面云系统，达到如同一般主机应用的操作桌面，并达到桌面使用的安全性和灵活性。

在企业信息管理系统中，随着企业的生产、经营与管理等业务的不断扩展，计算机、服务器和存储设备在规模上不断增长，导致对计算机的管理和维护变得越来越复杂。数据分散在各个计算机的硬盘中，企业数据容易被恶意窃取，给企业的数据造成安全隐患，还可能由于硬盘故障，导致数据损坏、重要资料丢失。企业在日常维护和管理的过程中，成本高，软硬件系统升级都需要人员进行维护，系统资源利用率低，应用缺乏灵活性，用户的操作系统单一。企业在容灾备份的过程中，需要各种复杂的解决方案支持，出现故障时不能够迅速地恢复，造成企业业务的中断等。这些问题在传统IT应用架构中很难避免。

而如今，随着个人计算机、智能手机、平板计算机等智能设备的不断普及，移动办公需求越来越高，而云计算技术大大推动了企业移动办公业务的增长，把业务与移动设备和云计算相结合，形成基于虚拟化技术的桌面云平台。业务软件和数据存放在云数据中心，用户只要通过终端设备接入云平台就可以实现如同传统PC一样的操作界面，大大克服了传统IT架构存在的问题，因此桌面云得到了广泛应用。

学习目标

1. 理解桌面云的概念
2. 熟悉桌面虚拟化的内容、分类
3. 了解主流桌面云中的桌面显示协议
4. 理解桌面云的优势

7.1 桌面云概述

桌面（Desktop）是用户登录计算机之后，计算机系统分配给用户可执行操作的显示界面。一般而言，桌面是由相应的操作系统提供的，如 Windows 系统就提供了可视化的界面。

桌面云，即桌面虚拟化，是将桌面的操作环境与机器运行环境分离，实现在任何地点、通过非特定设备（如不同的台式机、笔记本计算机、智能手机）都可以实现对桌面的访问与操作，通过在物理服务器上安装虚拟主机系统，由虚拟主机系统模拟出操作系统运行所需要的硬件资源，如 CPU、内存、网卡、存储等，构建虚拟桌面池。操作系统运行在这些虚拟的硬件资源之上，可以达到多个操作系统共享物理服务器的硬件资源，提高资源利用率。用户在客户端通过远程协议高效访问虚拟桌面系统。

桌面虚拟化技术是一种基于服务器的计算模型，可以结合服务器虚拟化和应用虚拟化进行，实现虚拟桌面与应用软件虚拟化间的无缝集成。桌面云架构如图 7-2 所示。

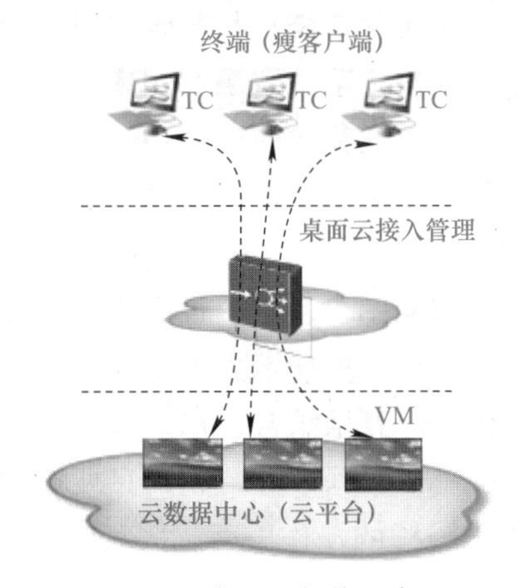

图 7-2　桌面云架构示意图

（1）虚拟桌面技术分类

虚拟化技术经过多年的发展，目前，已经形成了两大解决方案类型：基于服务器计算（Server-Based Computing，SBC）和虚拟桌面基础设施（Virtual Desktop Infrastructure，VDI）。

1）SBC 技术方案。SBC 桌面虚拟化解决方案的主要原理是用户通过会话的形式访问和操作远程服务器上的应用程序，允许多个用户会话同时登录到一台服务器上，用户之间的会话是彼此隔离的，典型应用是 Windows 操作系统的远程桌面连接功能，可登录到服务器访问资源。基于 SBC 的桌面虚拟化优点是服务器资源利用效率高，系统建设成本相对较低，缺点是多个用户以会话的形式共享使用一个操作系统和应用软件，用户体验较差，用户的配置信息容易受到其他用户的影响。基于 SBC 的桌面虚拟化适用于应用需求比较简单的内部用户。

2）VDI 技术方案。VDI 桌面虚拟化解决方案的主要原理是利用服务器虚拟化技术，在服务器上建立多台彼此隔离的虚拟机，每台虚拟机可以独立安装操作系统和各种应用程序，客户端通过独立计算架构（Independent Computing Architecture，ICA）或远程桌面协议（Remote Desktop Protocol，RDP）透明地与服务器端的虚拟机进行通信，用户具有和使用普通物理计算机相同的体验。VDI 的优点是通过为用户单独部署虚拟机，每个用户拥有独立的操作系统，可以让用户在服务器端对资源进行灵活动态地配置和调整，桌面支持多种操作系统和应用程序，满足不同类型用户的需要。缺点是相对于 SBC 方式，VDI 所需的物理资源更多，对服务器和存储的配置要求较高，初期建设投资大、成本更高。基于 VDI 的桌面虚拟化比较适用于对系统需求较高的用户。

（2）虚拟桌面复制类型

虚拟桌面按虚拟机组的方式进行管理，每个虚拟桌面对应的虚拟机都必须归属于一个虚拟机组。虚拟机组的类型有完整复制桌面、链接克隆桌面与全内存桌面，但不仅限于这 3 种类型。

1）完整复制桌面。当用户对于桌面要求个性化比较强、安全性比较高的场景下，建议使用完整复制的方式来部署桌面虚拟机，这属于完整复制虚拟机组管理。完整复制桌面是指直接根据源虚拟机（即虚拟机模板）完整复制出一台独立虚拟机，如图 7-3 所示。创建出来的虚拟机与源虚拟机是两个完全独立的实体，对于源虚拟机任何形式的改动、删除都不会影响到复制出来的目标虚拟机。

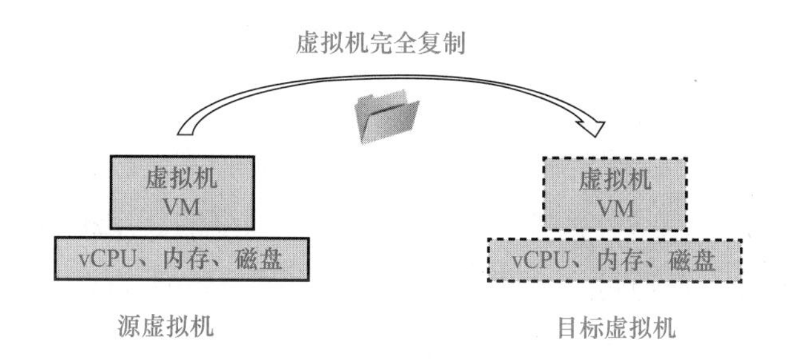

图 7-3　完整复制原理

在完整复制虚拟机组中的虚拟机适用于专有的桌面分配方式，即用户与虚拟机之间有固定的分配绑定关系。但是一个用户可以拥有一台或者多台虚拟机，一台虚拟机可以分配给一个或者多个用户。

完整复制桌面的优点是每个虚拟桌面对应的每台虚拟机都是独立的个体，用户对虚拟机上的数据变更都可以保存。不足之处是复制出来的虚拟机完整占用独立的系统盘空间；当需要对完整复制虚拟机组中的虚拟机进行软件更新或者补丁升级时，需要逐一进行操作。

2）链接克隆桌面。当用户对桌面个性化即安全级别要求不高时，可以使用链接克隆桌面。此种方式布置的桌面虚拟机被称为链接克隆虚拟机，归属于链接克隆虚拟机组管理。此种创建方式是根据源虚拟机（即链接克隆虚拟机模板）创建出来一台目标虚拟机，该目标虚拟机必须在源虚拟机存在的情况下才能正常运行。也就是链接克隆虚拟机不是一台完整的虚拟机，它的不完整体现在系统盘（母卷）的共用。通过链接克隆方式部署出来的虚拟机共享一个系统盘，如图 7-4 所示。

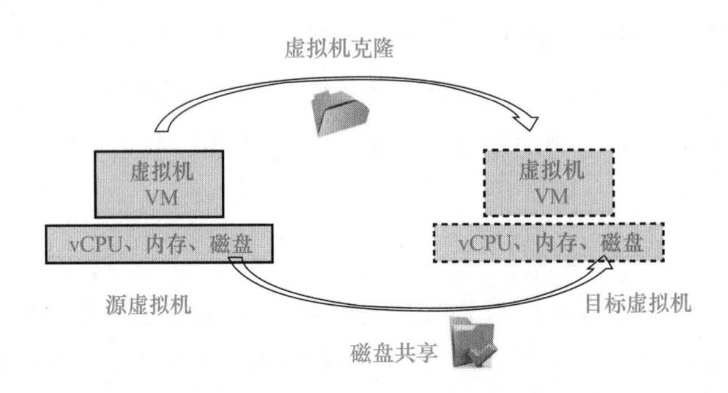

图 7-4 链接克隆原理

但是链接克隆下部署的虚拟机也拥有完整操作系统，而不同用户对于系统的使用又是不尽相同的，因此就有专门的差分卷用于保存用户的个性化数据。然而差分卷的数据在默认情况下是不持久的，在虚拟机关机之后，差分卷数据会被删除。当然可以设置差分卷数据的永久保留，以供后续所用。

此种方式一定程度上减少了磁盘空间的占用，减少了相应的 IT 成本。如果要给虚拟机更新软件或者升级补丁时，只需对源虚拟机执行操作即可，减少了操作的重复性工作和操作的复杂度。

3）全内存桌面。通过链接克隆的原理可以知道，基于一台源虚拟机（母卷）可以创建出许多的目标虚拟机，这些目标虚拟机对于母卷是共享的。虚拟机开机的时候要从唯一的母卷去加载引导文件，而通过一个母卷部署出来的几十、上百台目标虚拟机如果同时开机，同时从母卷上获取引导文件时，母卷所在的数据存储能否响应如此之大的 I/O 是个关键问题。

普通的数据存储从本质上来说都是磁盘建立的。磁盘在读取数据的时候是通过盘片的转动以及磁头的寻道，最终反映出来的现象就是磁盘的转速越高，读写的速率也就越大。可是，面对这么多虚拟机利用同一系统卷同时开机的场景，普通的磁盘不能很好的满足，就可能造成虚拟机开机卡顿或者假死的情况，此现象称之为虚拟机的“启动风暴”。

为解决这一问题，需从根源入手，既然传统的磁盘 I/O 受限，何不将母卷移至 I/O 响应更快速的内存中去？由此就出现了全内存桌面解决方案，如图 7-5 所示。

全内存桌面采用内存去重压缩和复用技术，将桌面虚拟机的系统盘全部放到内存中，使得桌面虚拟机对于磁盘的操作转化为对内存的操作，大幅提升用户体验，增强并发操作。

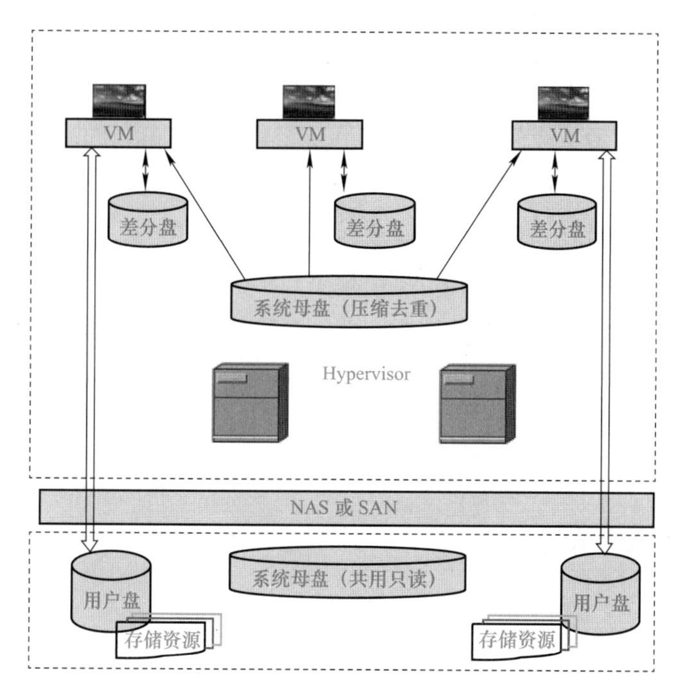

图 7-5 全内存桌面原理图

(3) 虚拟桌面分配方式

虚拟桌面在使用的时候，一般都是以域作为基础。使用桌面的用户都是域用户，可以将域用户归于某个用户组中，再通过一系列域控制策略来管理用户对应的权限。

虚拟桌面在分配的过程中按桌面组的方式进行管理，每个桌面都必须归属到某个桌面组。桌面组的类型有专有、静态池和动态池。

1）专有。此种分配方式只适用于对完整复制虚拟机组中虚拟机提供的桌面进行分配。该分配方式下，每一个用户都会建立与虚拟机的绑定关系，用户可以对分配给自己的虚拟机安装个性化的应用程序并保存个性化的数据。专有类型可分为：

静态单用户：表示一个桌面只能供一个用户使用，是该用户的专有虚拟机。

静态多用户：表示一个桌面可以供多个用户使用，多个用户共享一台虚拟机。在该分配方式下，用户盘中保存的资料可以被其他用户访问。

2）静态池。此种分配方式是将桌面分配给对应的用户（组）使用，一个用户同时只能登录一个桌面。用户初次登录就会建立与虚拟机的绑定关系，之后用户的注销操作不影响对用户的分配，即用户 A 初次登录分配的是 VM1，再次登录获得的依旧是 VM1。

3）动态池。此种分配方式同样是将桌面分配给对应的用户（组）使用，一个用户同时只能登录一个桌面。用户登录后不建立与虚拟机的绑定关系，之后用户的注销再登录操作会影响对用户的分配，即用户 A 初次登录分配的是 VM1，注销之后再次登录重新分配的虚拟机不一定是 VM1。

静态池与动态池这两种桌面分配方式适用于对链接克隆虚拟机组中虚拟机提供的桌面

进行分配，有时候又将这两种分配方式叫池化分配。

（4）虚拟桌面接入方式

终端用户可以通过轻量级的接入设备使用云端桌面，轻量级的接入设备可以叫瘦客户端（Thin Client，TC）。它是一种轻量级的主机，计算能力一般有限，只提供接入显示云端桌面的能力。瘦客户端通过识别不同桌面接入协议最终向用户呈现该 VDI 产品所投射的桌面。瘦客户端的功耗非常小，一般都在 15W 以下。

除此之外，还有另外一种接入方式，就是在普通主机上安装软件客户端（Software Client，SC）。通过在主机上安装软件客户端，使主机能够承接桌面接入协议，最终呈现桌面。此种方式下，可以做到设备的利旧。

7.2 桌面云主流产品

7.2.1 现有桌面云主流产品

目前基于桌面虚拟化的桌面云主流产品有 Citrix（思杰）的 XenDesktop、VMware 公司的 VMware Horizon 桌面虚拟化、微软的 Hyper-V 桌面虚拟化和华为的 FusionAccess。

（1）XenDesktop

XenDesktop 桌面虚拟化技术采用 VDI 技术架构，为虚拟机分配独立的资源，支持 Windows、Linux 等多种操作系统，具有以下特点：

1）开放的架构，可集成任何虚拟机管理系统、存储设备和第三方管理解决方案。

2）通过单一实例部署简化应用部署，降低应用管理成本。

3）支持混合部署，可无缝地从数据中心迁移到公有云中。采用高效的 ICA 显示协议、HDX 技术和外设重定向技术等，可兼容多种类 USB 外设、VoIP 实现、高清视频播放、终端多显示器支持。其网络性能良好，具有良好的用户体验。

（2）VMware Horizon

VMware Horizon 是为移动、云计算打造的新一代桌面虚拟化技术，和以往传统的 VDI 不同，能够以较低的成本为企业提供更简单、快捷和可扩展性的桌面虚拟化应用，利用最新的云时代高性能显示协议（Blast Extreme 协议），使用更少的带宽，提供更好的用户体验。它支持更多的 3D 图像应用，更好地适应云时代的需求。Horizon 采用全面的工作空间环境管理并针对软件定义的数据中心进行了优化，有助于 IT 部门按照终端用户期望的速度和业务部门要求的效率控制、 管理和保护终端用户所需的全部 Windows 资源。具有新功能特性的 Horizon 可提供最佳移动性和云计算功能，从根本上转变了 VDI，从而以更低的成本为企业提供前所未有的简便性、安全性、速度及扩展能力。Horizon 能够帮助企业提升办公效率，同时降低运营成本。

（3）Hyper-V

微软桌面虚拟化技术 Hyper-V 采用 SBC 架构、虚拟机共享物理服务器资源、Windows Server 2012 R2 集成 Microsoft Hyper-V3.0 服务器虚拟化和远程桌面服务，通过在 Windows Server 2012 R2 中提供 RDS 服务器角色，把虚拟化集成到现有的 IT 环境中。其虚拟机占用系统资源较少，系统部署简单，建设成本低。

（4）FusionAccess

FusionAccess 桌面云是基于华为云平台的一种虚拟桌面应用。通过在云平台上部署桌面云软件，终端用户可通过瘦客户端或者其他任何与网络相连的设备来访问跨平台应用程序及整个桌面。FusionAccess 桌面云以安全可靠、卓越体验及敏捷高效为特点，广泛应用于教育、金融、政府、大企业、电信、能源、媒资等各行业。FusionAccess 具有以下特点：

1）应用虚拟化 SBC。应用虚拟化是一套按需交付应用程序的解决方案，用于在数据中心集中管理应用程序，并即时向任何地方、使用任何设备的用户交付应用。FusionAccess 基于 HDP 实现，主要用于简单办公、安全上网、分支机构和移动办公四大场景。

2）Windows 桌面。华为 FusionAccess 桌面云支持企业用户使用 Windows 虚拟桌面进行办公，用户可以使用瘦客户端、便携式计算机、智能手机等多种方式登录访问 Windows 虚拟桌面，目前所有主流的 Windows 操作系统均已支持。

3）Linux 桌面。华为 FusionAccess 桌面云支持企业用户使用 Linux 虚拟桌面进行办公，用户可以使用瘦客户端、便携式计算机、智能手机等多种方式登录访问 Linux 虚拟桌面。

4）终端。也称终端设备，是桌面云解决方案中终端用户侧的主要设备。终端用户通过此设备连接访问数据中心侧的各种虚拟桌面，并连接各种外设供办公使用。目前支持的终端包括瘦终端（TC）、便携式计算机、Pad、智能手机、STB 等。

7.2.2 桌面云主流显示协议

桌面云主流显示协议是桌面虚拟化的关键技术之一。当前还没有哪家厂商的虚拟化技术能够适用于所有应用场景，因此必须结合实际需求来部署虚拟桌面解决方案。主要的虚拟化显示协议有 ICA（Independent Computing Architecture）协议、RDP（Remote Display Protocol）、PCoIP（PC-over-IP）和 HDP（Huawei Desktop Protocol）。

（1）ICA 协议

它是 Citirx 开发的专有协议，支持不同的客户端操作系统共享同一台主机。对用户的位置、硬件设备或网络带宽要求不高，相对于传统 RDP，ICA 协议稳定性更好，效率要高于 RDP，用户在音频、视频、Flash 播放、3D 设计等应用上体验流畅。

（2）RDP

它是国际电信联盟（International Telecommunication Union，ITU）发布的国际标准的多

通道会议 T.120 协议族基础上的扩充开发协议，是最早用于 Windows Server 终端服务的访问协议，用户可以远程登录服务器，访问或使用服务器的桌面，实现了 Windows Server 的多用户模式。用户可以自定义初始的登录环境，设置显示配置、颜色深度、音频、键盘、本地设备和资源等。它使用 128bit 的 RC4 加密算法来保护数据安全。

（3）PCoIP

它是由 VMware 与 Teradici 共同开发的用于高质量的桌面虚拟化用户体验，目前已经成为流行的桌面虚拟化协议和标准。该协议的主要特点是支持高分辨率的 3D 图像和音视频多媒体，对 USB 设备有很好的兼容性，对用户的会话采用压缩传输，只传输变化的部分，保证用户在低带宽下的良好体验。

（4）HDP

HDP 是华为自主研开发的新一代虚拟桌面传输协议，通过 HDP 可以实现客户端 TC 远程访问虚拟桌面，具有文字与图像显示更清晰细腻、视频播放更清晰流畅、声音音质更真实饱满、兼容性更好、带宽低等特点。

HDP 自动识别整幅图像中的文字、线条等非自然图像，采用无损压缩。HDP 让 FusionAccess 在纯文字、文字 + 图片、纯图片的显示效果更清晰，其图像结构相似性指标 SSIM 可达到 0.999955，意味着接近无损。而相片、图片等自然图像则采用合适的压缩率进行有损压缩，从而在保证获得最佳显示效果的情况下减少资源占用。

如果网络质量不稳定，可以动态调整视频播放的帧率，优先保证视频的流畅度。还可根据显示器的分辨率和播放视频窗口的大小，智能调整视频的数据流。例如，在播放器最小化时终止发送数据，几乎不占带宽，降低 CPU 消耗，提升体验。即使视频断线，HDP 可充分利用瘦终端的硬件解码能力，支持断线的自动重连播放。

通过 GPU 直通、GPU 硬件虚拟化以及图形工作站纳管等技术，FusionAccess 支持多种高清制图软件，包括 CAD（Computer Aided Design）、GIS（Geographic Information System）、3D 游戏软件、全媒体视频编辑软件等，真正满足客户对高清制图处理的需求。

HDP 还具有强大的应用感知能力，可以对常用视频播放软件（如 Flash）和图像处理软件（如 Photoshop）进行针对性优化，使其使用更流畅。

7.3 桌面云的应用优势

相比传统 PC 的应用方案，桌面云以其低成本，高可靠性、低维护量、高安全性、节能环保的特点，在行业中越来越受到青睐。虚拟化的桌面云带来的价值包括：

1）降低终端设备采购成本，提高 IT 投资回报。这种 IT 架构的简化，带给用户的直接好处就是终端设备的采购成本降低。

2）降低计算机系统运维以及人力成本，对于 IT 投入经费相对紧张的高校来讲，这是个良好的解决方案。

3）更灵活的访问和使用。用户对桌面的访问不需要被限制在具体设备、具体地点和具体时间。虚拟桌面可以实现更轻松的环境建设、管理和维护；更快、更高效、个性化的环境调整；更简单可靠的 PC 桌面运行控制。

4）集中管理、统一配置，使用安全。桌面云的应用可便于 IT 部门对终端桌面的集中控管，借助于虚拟桌面，IT 部门将所有的桌面管理放到了后端的数据中心，足不出户即可对桌面镜像和相关的应用进行管理和维护。这种管理与维护对于前端用户来讲是透明的，例如，上千操作员可能都是使用同一个桌面，管理人员为这个桌面镜像打一次补丁，上千个终端的桌面也就全部更新了。

依托云计算数据中心虚拟化技术，桌面云应用与传统的桌面应用进行比较，具有的优势如下：

1）快速、灵活部署：按需申请、快速发放、无需搬运沉重的 PC 主机，统一接入、随时随地访问。

2）提高资源利用率：实现对桌面环境的集中管理，统一配置。统一管理后台数据中心资源，并统一进行调度管理，将资源的利用率最大化。

3）数据存放安全可靠：数据存放在后台数据中心，安全可靠。且访问虚拟桌面时在网络上传输的都是图片信息，不易被他人通过网络窃取信息。

4）维护便利：瘦终端无需软件维护；虚拟桌面维护工作可在后台统一进行，非常便利。

5）节能减排：采用桌面虚拟化系统，因瘦终端功耗很低，同时数据中心的资源利用率又较高，因此可达到节省成本、节能减排的目的。

7.4 桌面云应用案例

某高职学校欲采用桌面云建设一个实验室。经过市场调研，对多个厂家提供的产品进行了比较，决定采用华为 FusionSphere 云计算技术，通过 FusionAccess 桌面云解决方案实现实验室的建设。

项目建设背景与需求分析如下：

（1）传统实验室建设和使用的弊端

实验教学是高等教育中不可缺少的重要环节，特别是对工科专业来讲更是如此。实验教学担负着培养学生实践和创新能力的重要使命，但是由于加强实验教学和实验建设所需的资金较大，实验室建设受到经费的限制，无力购买足够的先进实验设备，加之受到实验课时和场地的限制，实验的教学质量受到一些影响。

除此之外，机房的维护也一直是实验室管理人员比较头疼的问题。

第一，在实验过程中故意损坏计算机的物理硬件或是应用软件、将系统文件破坏导致系统不能迅速恢复、学生自带的U盘或是移动硬盘插入计算机后造成计算机中病毒或死机等现象时有发生，不仅造成学生本人的实验课程中断，还给管理员造成不必要的麻烦。

第二，在做分组实验时，由于首组完成的结果仍保存在计算机上使得实验环境不能迅速恢复到原实验环境，其他组的同学不能拥有良好的实验环境，并且恢复到原实验环境也需要一定的时间，严重影响实验教学效率。

第三，随着计算机的不断增加，对计算机的维修和检测也加重了实验室管理人员的负担，而且随着计算机的不断升级，实验室只有不断地采购更高配置的计算机才能适应实验教学环境的需求，但计算机更新速度很快，采购计算机的周期过于频繁导致实验成本太高。

（2）需求分析

为解决传统机房建设、使用和管理的弊端，学校拟采用桌面云技术，将传统机房中的计算机更换为云客户端（瘦客户端或零客户端）。通过创建虚拟机的形式，将基础数据、系统软件、各种实验软件、工具等放到数据中心统一管理，实现虚拟机与客户端的对接。云客户端无需再安装应用程序，只需将操作输入到服务器虚拟机处理，服务器再把处理结果回传至客户端显示，还支持移动终端接入云数据中心机房，实现移动办公、实验等应用。实验室网络拓扑示意图如图 7-6 所示。

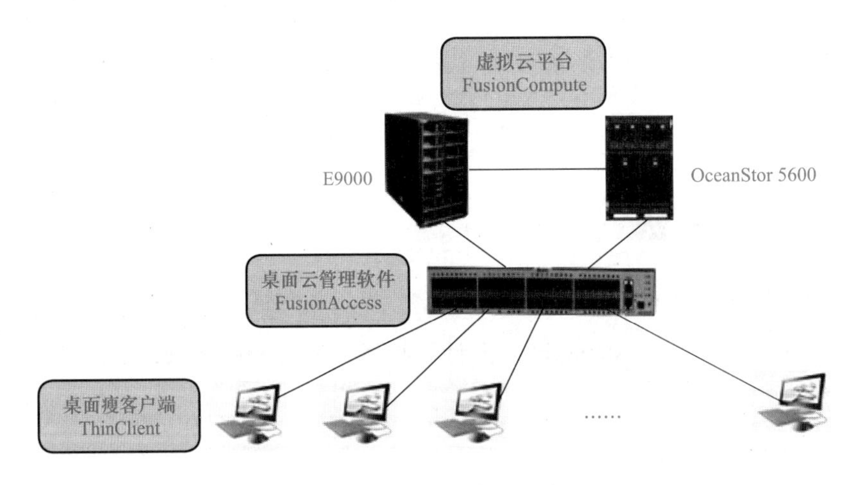

图 7-6　实验室网络拓扑示意图

（3）选型配置

以华为 FusionSphere 操作系统构建数据中心，以 FusionCompute 为虚拟化管理平台为基础，通过 FusionAccess 桌面云解决方案，构建一个虚拟桌面实验室，满足 46 个终端接入桌面云，提供端到端的实验室建设解决方案。参考配置见表 7-1。

表 7-1　基于华为 FusionAccess 桌面云方案的实验室配置表

序　号	描　述	单套数量	总　数	备　注
1	服务器虚拟化软件			
	FusionSphere 虚拟化套件高级版许可 - 每 CPU	8	8	服务器虚拟化授权 8 个 CPU
	FusionSphere 虚拟化套件高级版 -3 年软件订阅与保障年费 - 每 CPU	8	8	
2	存储控制器与硬盘			
	华为 OceanStor 5600 V3 3U 控制框；最大控制器数：8； 配 32GB、25 盘位；硬盘类型：SSD、SAS、NL-SAS RAID 支持：0，1，3，5，6，10，50	1	1	—
	2TB 7.2K RPM NL SAS 硬盘单元（3.5″）	12	12	存储硬盘 2T 盘，12 块
3	瘦客户机 CT3100			
	瘦客户机 - 海思 3716C 1.5GHz（双核）-1G DDR3-4G eMMC- 无 -1000M-（DVI-I）-Linux 中文自由版 -CT3100，含 DVI-I 转 VGA 头和壁挂，中国大陆含 3 年原厂有限保修	46	46	学生用客户机 45 台，教师机 1 台
4	云桌面软件			
	FusionAccess 桌面云高级版许可 - 每用户	46	46	云桌面软件 46 个授权
	FusionAccess 桌面云高级版 3 年软件订阅与保障年费 - 每用户	46	46	
5	华为 FusionServer E9000 服务器 12U/CPU*2/ 双千兆网卡 / 6 个 3000W AC/			
	Brickland EX 计算节点 -CH242 V3 DDR4	1	4	全宽刀片服务器 4 片
	英特尔至强 E7-4809 v3（2.0GHz/8-core/20MB/115W）处理器	4	16	
	DDR4 RDIMM 内存 -16GB-2133MT/s-2Rank（1G*4bit）-1.2V-ECC	8	32	
	通用硬盘 -300GB-SAS 12Gb/s-10K rpm-128MB 及以上 -2.5 英寸（2.5 英寸托架）	2	8	
	RU120 SAS/SATA RAID 卡，RAID0，1，10，1E，0 Cache（LSI2308）	1	4	
	MZ110-4*GE 端口扣卡，PCIE 2.0 X4	1	4	
	MZ912-2*10GE，2*8G FC 端口扣卡	1	4	
6	交换机			
	S5700S-52P-LI-AC 交换机（48 个 10/100/1000Base，4 个千兆 SFP，交流供电）	1	1	48 口交换机
7	服务器操作系统			
	Windows Server 2012	1	1	—
	SUSE Linux Enterprise 11 SP4	1	1	—

该方案是一个实验室的参考配置，学校可以随着实验室的建设数量进行扩容，可以依托该数据中心，适当扩展刀片服务器、硬盘、存储设备、TC 终端、软件授权数量等，通过该方案可以很快构建新的实验机房，无需大规模采购核心硬件和软件，大大节省建设成本和运维成本。

本\章\小\结

桌面云实质上就是桌面虚拟化系统。桌面虚拟化技术（Virtual Desktop Infrastructure，VDI）是一种基于服务器的计算模型。VDI 概念最早由虚拟化厂商 VMware 提出，目前已经成为标准的技术术语。其优点是将所有桌面虚拟机在数据中心进行托管并统一管理，同时用户通过 PC 或移动设备如手机等接入桌面云，可获得如同 PC 的应用体验。这种 IT 架构的简化，带来的直接好处就是降低终端设备的采购成本。

桌面虚拟化包括：SBC 技术方案和 VDI 技术方案。

虚拟桌面复制类型包括：完整复制、链接克隆与全内存桌面等类型。

虚拟桌面分配方式包括：专有、静态池、动态池等方式。

虚拟桌面接入方式一般包括：瘦客户机、PC 终端以及移动互联设备如智能手机等。

桌面虚拟化主流显示协议主要有：ICA 协议、RDP、PCoIP 和 HDP。

桌面虚拟化实现了对桌面环境的集中管理、统一配置；提高了数据的安全性与合规性；提升了资源利用率；支持移动办公设备的接入，办公人员可以随时随地在任何位置，使用移动互联终端登录桌面云，实现移动办公。

\习\题\

一、填空题

1．桌面虚拟化技术是一种基于服务器的计算模型，可以结合______和______进行，实现虚拟桌面与应用软件虚拟化间的无缝集成。

2．VDI 桌面虚拟化解决方案的主要原理是利用服务器虚拟化技术，在服务器上建立多台彼此隔离的______，每台虚拟机可以独立安装______和各种应用程序，客户端通过独立计算架构或远程桌面协议透明地与服务器端的______进行通信。

3．______是指直接根据源虚拟机（即虚拟机模板）完整复制出来一台独立虚拟机。

4．链接克隆虚拟机不是一台完整的虚拟机，它的不完整体现在______的共用。通过链接克隆方式部署出来的虚拟机共享一个______。

5．全内存桌面采用内存去______和______技术，将桌面______全部放到内存中，使得桌面虚拟机对于磁盘的操作转化为对于______的操作，大幅提升用户体验，增强并发操作。

二、简答题

1．什么是桌面云？

2．虚拟桌面技术有哪些分类？各有何特点？

3．实现桌面云桌面显示的协议主要有哪些？各有何特点？

4．举例说明桌面云应用场景。

拓\展\项\目

项目名称： 如何在云平台上申请和使用虚拟桌面。

使用自己的计算机、手机等移动设备接入华为桌面云，体验虚拟桌面上的应用服务。

背景知识： 华为桌面云体验中心接入站点为 https://fusionaccess.huawei.com。在接入之前，需要预先向体验中心提出申请，当中心受理并处理完申请后，中心管理员会为申请者分配一台桌面云虚拟机，登录账号和密码会通过申请者的邮箱传递。收到登录账号和密码后，就可以按照如下步骤轻松实现虚拟桌面的接入和体验了。

操作提示：

步骤 1：申请账户。

这里提供的是个人办公桌面虚拟机，主要针对需要保存个性化设置 / 数据的用户场景。由于体验环境资源有限，除了以下几种情况（均会经过管理员核实）外，暂停其他的社会个人用户的账户申请和发放，相关的个人账号申请邮件也不会再处理。

1）HuaweiReady 合作厂商的兼容性调测。

2）有明确的桌面云项目拓展需求，客户提出体验。

3）华为桌面云合作 / 代理商、渠道商的工程师和销售人员。

步骤 2：账户登录。

如果只是简单体验，不需要保存个人数据，可以直接访问 https://fusionaccess.huawei.com 使用游客账号登录，无需专门申请。登录窗口如图 7-7 所示。

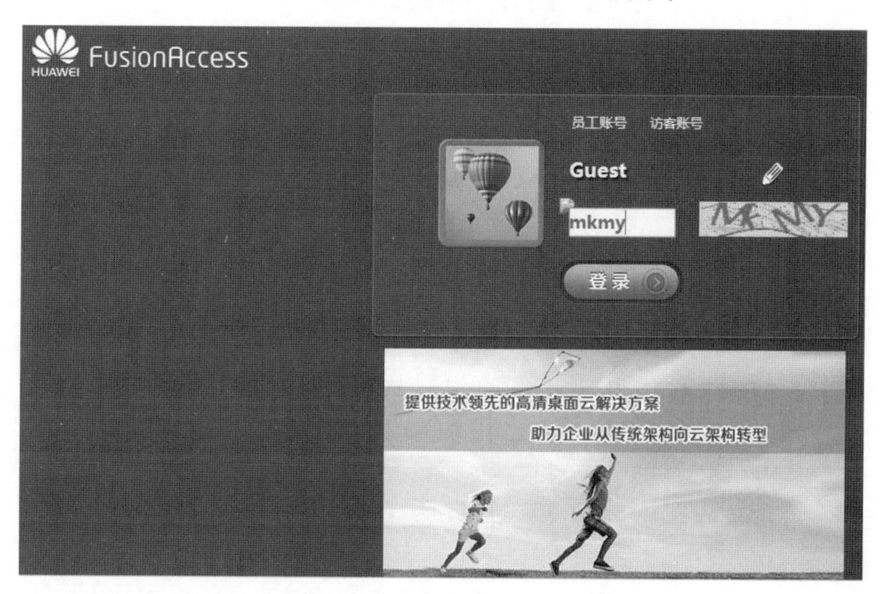

图 7-7　虚拟桌面登录界面

如果已经向华为管理员申请了登录账户，则可以选择“员工账户”选项卡登录，如图 7-8 所示。

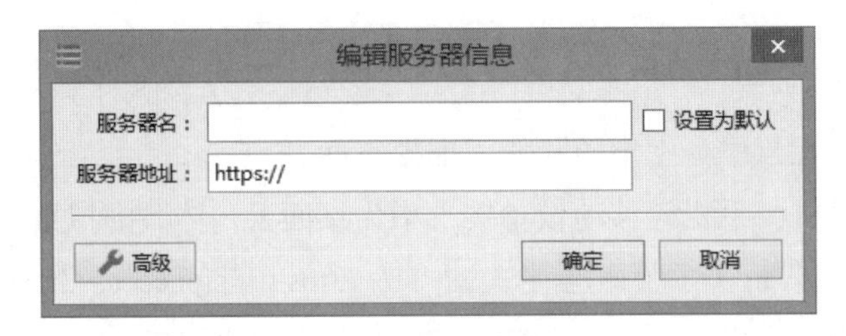

图 7-8 员工账户登录窗口

步骤 3：安装或升级客户端软件。

登录后，出现的窗口如图 7-9 所示。

图 7-9 登录虚拟桌面系统窗口

初次使用时，选择“安装或升级客户端软件”，如图 7-10 所示。

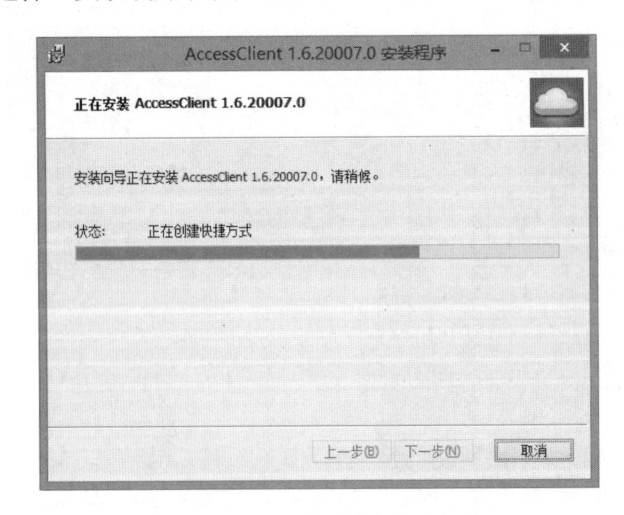

图 7-10 下载并安装客户端软件

安装成功后，出现的窗口如图 7-11 所示。

图 7-11　客户端安装完成窗口

单击“完成”按钮运行客户端程序后，再次出现图 7-8 窗口，单击图中“显示器”中的“箭头”后，出现启动 Windows 系统的提示，如图 7-12 所示。然后出现 Windows 7 虚拟机操作系统桌面，此时物理客户端就可以使用虚拟机系统中已安装的如 Photoshop、Office 等应用程序。

图 7-12　启动虚拟机系统提示窗口

如果使用 Android、iOS 移动客户端接入，则需要通过应用商店下载 FusionAccess，安装到手机后再申请账户使用。

Chapter 8

第8章 云计算与大数据

你的举手投足都有价值

不知你是否已经注意到，在购物超市结算出口摆放着密密麻麻不同的商品，相信有很多顾客在结算之前又从这些货架上顺手选择了一些自己喜欢的东西扔进了购物车。这些在结算出口处摆放的商品，就是根据顾客的消费习惯、消费心理而特意设置的。超市通过监控，收集客户在店内走动情况以及与挑选商品的互动信息，并将这些大量数据与大量交易记录相结合进行深度挖掘和分析，从而找到顾客的品牌偏好、消费习惯、商品选购的行为和心理之间的关系，商家可以精准采购、选位摆放，并结合对易销品牌商品的促销活动，提高销售效益和服务质量。

这就是大数据的魅力。或许在不经意之间，一举一动、一言一行、举手投足之间的动态信息就已经上传到了云数据中心的大数据平台了，这些看似凌乱的数据可能是无价之宝！

本章导读

大数据（BigData）是信息化时代的产物。

大数据具有容量大、种类多、结构复杂等诸多特点，需要利用相关技术实现非结构化存储、分布式和并行计算、数据挖掘等处理。而云计算技术是目前解决大数据问题最有效的手段，云计算提供了基础架构平台，大数据应用可在这个平台上运行。

随着云时代的来临，大数据也吸引了越来越多的关注。从技术上看，大数据与云计算的关系密不可分，大数据无法用单台的计算机进行处理，必须采用分布式架构。它的特色在于对海量数据进行分布式数据挖掘，但它必须依托云计算的分布式处理、分布式数据库和云存储以及虚拟化技术等。

大数据通常用来形容一个公司创造的大量非结构化数据和半结构化数据，无法用关系型数据库来存储和快速处理。大数据分析常和云计算联系到一起，因为实时的大型数据集分析需要MapReduce、Hadoop等分布式并行计算架构来处理，而云计算数据中心为大数据处理提供了强有力的软硬件技术支撑。

学习目标

1. 理解大数据的概念
2. 理解大数据的主要特征
3. 了解大数据与云计算的关系
4. 了解MapReduce、Hadoop、HDFS等在大数据处理方面的作用

8.1 大数据概述

8.1.1 大数据发展

（1）国外大数据发展动态

2012年2月，“纽约时报”的一篇专栏中提到“大数据”时代已经来临，在商业、经济及其他领域中，将日益基于数据和分析而做出决策，而非基于经验和直觉。

2012年3月29日，美国政府启动“Big Data Research and Development Initiative”计划，为6个部门拨款2亿美元，争取增加100倍的分析能力，从各种语言的文本中抽取信息。这是一个标志性事件，说明继集成电路和互联网之后，大数据已成为信息科技关注的重点。

英国政府也宣布投资推进大数据和节能计算技术的研发。

法国政府在《数字化路线图》中列出了5项将会大力支持的战略性高新技术，将投人1150万欧元进行支持，“大数据”就是其中一项。

2013年6月，日本第二次安倍内阁正式公布了新IT战略：创建最尖端IT国家宣言。这篇宣言全面阐述了2013～2020年以发展开放公共数据和大数据为核心的日本新IT国家战略。

2013年7月举办的甲骨文全球大会上，Oracle总裁马克赫德（Mark Hurd）宣布将加大对中国区的投人，甲骨文在中国的第四个研发中心——上海中心已经建成并将很快投人使用，此次投入的主攻方向是云计算、大数据和商业智能（BI）。

英特尔公司高级副总裁兼数据中心及互联系统事业部总经理柏安娜表示，英特尔未来将会大力发展数据中心领域的芯片技术。

当前，全球掀起了一股大数据的浪潮。大数据是继云计算、物联网之后在ICT产业的又一次颠覆性的技术变革。根据IDC研究显示，全球数据量大约每两年翻一番，到2020年将达35ZB数据量，如果把35ZB的数据全部刻录到容量为9GB的光盘上，其叠加的高度将达到233万公里，相当于在地球与月球之间往返三次。

大数据时代的来临使人类第一次有机会和条件在更多的领域和更深入的层次获得和使用全面数据、完整数据和系统数据，深入探索现实世界的规律，获取过去不可能获取的知识，得到过去无法企及的商机，这将对社会和生活产生莫大的影响。就当下而言，大数据已经不再是纸上谈兵，它已经渐渐渗入人们的生活。大数据产业已成为全球高科技产业竞争的前沿领域，以美国、日本等为代表的全球发达国家正在展开以大数据为核心的新一轮信息化战略。

（2）国内大数据发展形势

国内大数据紧跟国际发展的步伐，市场规模在迅速扩展，2013 年被业界誉为中国的大数据元年。

我国有着庞大的人群和应用市场，复杂性高且充满变化，如此庞大的用户群体，构成了世界上最为复杂、最为繁复的数据。解决这种由大规模数据引起的问题，探索以大数据为基础的解决方案，是我国产业升级、效率提高的重要手段。

目前许多领域都在借助大数据作为辅助决策的工具和手段。在商业领域，以百度、阿里巴巴、腾讯、新浪为首的互联网公司利用多年来积累的数据优势进行自主开发；制造业的代表海尔集团也在强调大数据的应用，快速响应客户，感知客户需求、分析市场动态，实现快速、准确、科学、有效地生产、营销和管理。

数据已成为与自然资源、人力资源一样重要的战略资源，隐含巨大的价值，已引起科技界和和企业界的高度重视。如果能够有效地组织和使用大数据，人们将得到更多的机会发挥科学技术对社会发展的巨大推动作用。大数据将为人们带来前所未有的机遇。

8.1.2 大数据的定义

大数据（BigData）又称海量数据（MassiveData），是一种规模大到在获取、存储、管理、分析方面大大超出了传统数据库软件工具能力范围的数据集合，具有海量的数据规模、快速的数据流转、多样的数据类型和价值密度低等特征。大数据具有以下特点：

（1）数据容量巨大（Volume）

数据的大小决定所采集的数据和潜在的相关信息，可从 TB 级别到 PB 级别。

数据存储单位从小到大为 bit、Byte（B）、KB、MB、GB、TB、PB、EB、ZB、YB、BB、NB、DB。

按照进率 1024（2^{10}）来计算，1 B =8 bit；1 KB = 1024 B；1 MB = 1024 KB；1 GB = 1024 MB；以此类推。

（2）数据类型繁多（Variety）

数据类型的多样，包含结构化、非结构化和半结构化数据，如网络日志、视频、图形、图像、地理位置等各种信息。

结构化数据即行数据，存储在数据库里，可以用二维表结构来逻辑表达实现的数据。

非结构化数据，包括所有格式的办公文档、文本、图片、XML、HTML、各类报表、图像和音频 / 视频信息等。

半结构化数据，就是介于完全结构化数据（如关系型数据库、面向对象数据库中的数据）和完全无结构的数据（如声音、图像文件等）之间的数据。HTML 文档就属于半结构化数据，它一般是自描述的，数据的结构和内容混在一起，没有明显的区分。

（3）价值（value）

通过对大数据的数据挖掘和分析，提供辅助决策信息，以低成本创造高价值。例如，对大量的交通录像、安防视频进行分析等。

（4）速度（Velocity）

指获得数据的速度、处理数据的速度。借助软硬件手段，如分布式云计算中心和并行运算等，提高数据收集和处理的效率。

（5）可变性（Variability）

数据具有多维性、动态可变性等属性，使管理和处理数据的过程变得复杂。

（6）真实性（Veracity）

原始数据一般来源多种数据源，可通过多种手段获取。例如，物联网传感器、摄录设备、各种数据终端设备等，具有真实性、本源性的特点。

（7）复杂性（Complexity）

由于大数据可能来源于多种数据源，具有多种数据编码格式，且数据量巨大，因此大数据具有复杂性。

以往大数据通常用来形容一个公司创造的大量非结构化和半结构化数据，而现在的大数据通常是指解决问题的一种方法，即通过收集、整理生活中方方面面的数据，并对其进行分析挖掘，从中获得有价值的信息，最终衍化出一种新的商业模式。

8.1.3 大数据的应用价值

任何行业、任何领域都会产生有价值的数据，对这些数据进行统计、分析、挖掘和人工智能处理将会创造出更高的价值。大数据正在与各行业的实际应用紧密结合，从数据中“掘金”不再是一个愿景，已经成为现实。比如：

1）对大量消费者提供产品或服务的企业可以利用大数据进行精准营销。

2）中小微型企业可以利用大数据做服务转型。

3）利用相关数据和分析可以帮助企业降低成本、提高效率、开发新产品和辅助决策。

4）及时解析故障、问题和缺陷的根源，每年可能为企业节省运维成本。

5）为成千上万的快递车辆规划实时交通路线，躲避拥堵。

6）以利润最大化为目标来定价和清理库存。

7）根据客户的购买习惯，推送客户可能感兴趣的优惠信息。

8）从大量客户中快速识别出金牌客户。

9）使用点击流分析和数据挖掘来规避欺诈行为。

8.2 大数据应用模式

大数据容量巨大、类型繁杂，如果能将它们“提纯”并迅速生成有用信息，无异于掌握了一把能打开另一个世界的钥匙。越来越多的政府部门、企业意识到这隐藏在数据山脉中的金矿，数据分析能力正成为各种机构的核心竞争力。目前，几乎所有世界级的互联网企业，无论社交平台之争还是电商价格大战，都有大数据在辅助决策。

（1）大数据条件

大数据需要庞大的数据积累、深度的数据挖掘和分析。大数据要想落地，必须有两个条件，一是丰富的数据源；二是强大的数据挖掘分析能力。

Google 公司通过大规模集群和 MapReduce 工具，每个月处理的数据量超过 400PB。百度每天大约要处理几十 PB 数据，大多要实时处理，如微博、团购、秒杀；Facebook 注册用户超过 8.5 亿，每月上传 10 亿张照片，每天生成 300TB 日志数据；淘宝网有超过 3.7 亿会员，在线商品超过 8.8 亿，每天交易数达千万，产生约 20TB 数据；Yahoo 的 Hadoop 云计算平台有 34 个集群，超过 3 万台机器，总存储容量超过 100PB。这些海量的数据正是大数据落地的前提，为数据挖掘和分析奠定了基础。

想要从大数据中挖掘更多的价值，需要运用灵活的、多学科的方法。目前，源于统计学、计算机科学、应用数学和经济学等领域的技术已经开发并应用于整合、处理、分析和形象化大数据。一些面向规模较小、种类较少的数据开发技术，也被成功应用于更多元的大规模数据集。依靠分析大数据来预测在线业务的企业正持续自主开发相关技术和工具，随着大数据的不断发展，新的方法和工具正不断被开发出来。

（2）大数据应用模式

目前大数据的运作模式主要有以下 3 种：

1）一种是自身具有丰富和巨大数据资源的公司，如淘宝、Facebook 等，因其拥有大量的用户信息，通过对用户信息的大数据分析来解决自己公司的精准营销和个性化广告推介等问题。这类公司将改变营销学的根基，精准营销和个性化营销将有针对性地找到用户，多重渠道的营销手段将逐渐消失。

2）一种是提供“硬件 + 软件”整体解决方案公司，如 IBM、惠普、华为等，通过整合大数据的信息和应用给其他公司提供大数据整体解决方案，帮助客户改变其公司的管理理念和策略制定方式，借助大数据分析开展生产、经营等活动。

3）新兴的创业公司则通过出售数据和服务更有针对性地提供单个解决方案。这些公司更接近于把大数据商业化、商品化的模式，这将带来继门户网站、搜索引擎、社交媒体之后的新一波创业浪潮和产业革命，并会对传统的咨询公司产生强烈的冲击。

8.3 基于云计算的大数据处理技术

云计算和大数据的融合发展给生产方式带来了深刻的变革。就像工业经济时代，人们无法拒绝用电；个人计算机时代，公司无法拒绝用计算机办公。大数据将带来的是竞争形态的改变，企业借助云计算和大数据平台，使生产活动更具有竞争力。

云计算是指利用由大量计算节点构成的可动态调整的虚拟化计算资源，通过并行化和分布式计算技术，实现业务质量可控的大数据处理的计算技术。云计算技术的出现是并行计算、分布式计算、互联网等关键技术发展、融合的结果。在并行计算时代追求的是以昂贵的并行服务器实现高速计算，更多地应用于科学研究领域或资金充足的高成本行业，如银行等。而分布式计算技术为解决大规模数据计算问题带来了一种分而治之的新思路，寻求以低成本的小型计算机的分布式协同，实现高性能的数据运算。从 20 世纪末期开始，随着 Google、Yahoo、亚马逊、Facebook 等大型互联网公司的崛起，以搜索数据处理、电子商务数据处理、社交网络数据处理为代表的新型大数据处理需求成为关注的重点。这种新型的面向互联网数据及用户的处理需求，为大数据处理带来了数据存储、数据检索、数据处理等多方面的全新挑战。为了解决这些问题，技术人员提出并实现了包括 BigTable、GFS、Dynamo 等在内的多种技术，并在实际应用中获得了很好的效果。这些在实际应用中得到验证的技术，被开源社区迅速吸收和改进后，在 2005 年推出了以 MapReduce 计算模式为核心的 Hadoop 架构，并逐渐成为各个研究领域采用云计算技术对大数据进行分布式处理的基础架构。

目前，基于云计算分布式并行计算架构的大数据存储和分析的工具主要包括 GFS、HDFS、BigTable、HBase、Hadoop、MapReduce、Hive，其中 MapReduce 和 HDFS 是 Hadoop 的两个核心组件。

相对于传统的数据处理技术，基于云计算的大数据处理具有以下特点：

1）以多节点协同代替单节点能力提升。

在传统数据处理时代，计算节点能力的纵向提升（Scale Up）是实现性能提升的主要方式，增加更多更快的处理器和内存是主要手段。但随着半导体技术发展到一定阶段，这种纵向提升变得越来越困难，而且在成本上也越来越不具有优势。

云计算数据处理则采用多节点协同的思路，寻求以大量的低成本普通微型计算机取代少量的昂贵大型机，实现高性能计算。在微型计算机成本持续降低和网络速度不断提升的背景下，横向扩展具有明显的优势。

2）以容错机制代替对低故障率的追求。

在大量低成本计算节点构成的计算环境下，不可避免地会发生故障，为了确保计算结果正确，通常有两种选择，一种是尽力降低计算节点的故障率；另一种是设计足够强的容错机制来减少故障的影响。前者往往意味着要用更高的成本采购故障率更低的计算机，这将极大冲击云计算大数据处理的低成本优势。因此云计算架构采用了后者，通过设计优秀的容错机制避免故障节点或故障链路对计算结果造成影响。

3）将计算与数据结合得更紧密。

在传统的高性能计算环境中，通常是将具有高速运算能力的计算节点和具有大数据存储能力的存储节点通过网络进行连接，获得高速大数据处理能力。而在以搜索数据等为代表的互联网数据处理环境下，很多数据运算对处理器的计算能力的要求并不是很高，往往是要面临因为数据量过于庞大而引起的问题。在这种情况下，将运算与存储分离的结构反而变得低效。因此在以 MapReduce 为核心的云计算架构中，计算单元与存储单元直接结合构成一个基本计算节点，提高了运算效率。

4）尽量按顺序处理数据，避免随机访问。

在进行大数据处理时，由于数据量过于庞大，待处理的数据往往是存储在磁盘中而非内存中，因此对数据的随机查找和访问会变得比较低效。在这种环境下，能实现有序地对数据进行处理的算法将比随机处理数据的算法高效很多。

5）屏蔽底层系统的实现细节。

云计算环境中，为了适应所要处理问题规模的变化，底层系统的硬件和软件资源可以实现动态调整。同时，云计算技术采用了分布式计算技术的多样性特点，开发环境对底层系统资源进行了足够的抽象，以确保应用开发者和使用者不会迷失在复杂的底层系统细节中，只需要关注算法的设计和实施。

6）平滑的可扩展性。

现代大数据的增长率是十分惊人的，要适应这种快速增长的数据规模，数据处理架构必须具有平滑的可扩展性。当数据量或问题复杂度增长时，数据处理的架构和算法应通过增加成比例的计算资源来保证计算时间不变。

8.4 基于云计算的大数据处理架构

随着 Hadoop 技术的逐渐流行，更多围绕 Hadoop 框架的拓展技术和工具逐渐出现，如 HBase、Pig、Hive 等。

基于云计算的大数据处理架构示意图如图 8-1 所示。这是一个具有实用价值的技术框架，采用了分层的技术架构形式，并将目前采用的主要技术映射到对应的层面，同时可以适应未来的技术发展。例如，在数据存储层，除了目前已被广泛采用的 HBase 外，还可以引入其他技术。

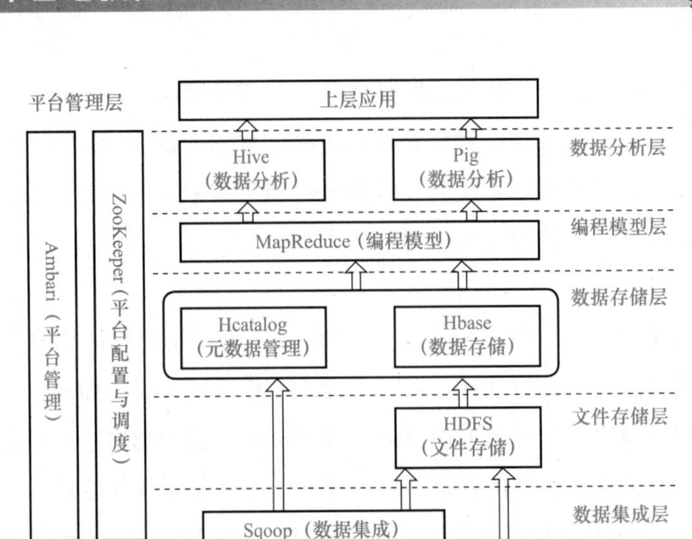

图 8-1　基于云计算的大数据处理架构示意图

对该架构分层阐述如下：

（1）数据集成层

数据集成层在整个架构的最下方，是系统需要处理的数据来源，包括私有的应用数据、存放在数据库中的数据、被分析系统运行产生的日志数据等。这些数据具有结构多样、类型多变的特点，既有结构化的数据，也有非结构化、半结构化的数据；既有文本格式的日志数据，也有富媒体格式的网页数据。在这些数据中，有些数据是可以直接存储在 HDFS 中的，如格式化的日志文件，还有些数据是可以被 MapReduce 程序解析后直接处理的。但是，当要处理传统企业应用保存在数据库中的数据时，如经营分析系统产生的历史数据，由于这些数据不是存储在 HDFS 中，MapReduce 程序在处理时就需要通过外部 API 来访问这些数据。这种方式既不灵活也不高效，因此 Hadoop 框架引入了一个数据集成层。数据集成层中组件的作用是在外部数据源、文件存储层或数据存储层之间进行适配，以实现双向的数据高效导入和导出。数据集成层组件的典型实例就是 Sqoop 工具，利用 Sqoop 工具，一方面可以将存储于关系型数据库中的数据导入 Hadoop 组件中，便于 MapReduce 程序或 Hive 工具进行后续处理，或直接导入 HBase 中；另一方面还可以支持将处理后的结果导出到关系型数据库中。

（2）文件存储层

文件存储层是利用分布式文件系统技术，将底层数量众多且分布在不同位置的、通过网络连接的各种存储设备组织在一起，通过统一的接口向上层应用提供对象级文件访问服务能力。文件存储层为上层应用屏蔽了存储设备的类型、型号、接口协议、分布位置等技术细节，提供了数据备份、故障容忍、状态监测、安全机制等多种可靠的文件访问服务管理功能。同时，利用分布式并行技术，云计算大数据处理环境下的文件存储层还支持对海量大文件进行高效的并行访问。在整体架构中，文件存储层向下与数据源和数据集成层连接，访问具体的存储资源，向上为数据存储层和编程模型层提供文件访问服务。HDFS 就是文件存储层的一个典型组件。

（3）数据存储层

数据存储层的功能是提供分布式、可扩展的大量数据表的存储和管理能力。与传统的关系型数据库不同，基于云计算的大数据处理架构中的数据存储层组件并不要求具有完整的 SQL 支持能力，也不要求数据采用关系型数据模型进行存储。它更强调的是在较低成本的条件下实现大数据表的管理能力，可以支持在大规模数据量的情况下完成快速的数据读写操作，并且可以随着数据量的快速增长通过简单的硬件扩容实现存储能力的线性增长。目前 Hadoop 已为数据存储层提供了两项技术基础，HBase 和 HCatalog。HBase 实现了一个面向列的分布式数据库存储系统；HCatalog 则是一个数据表和存储管理组件，可以支持 Pig、Hive、MapReduce 等上层应用间进行数据共享操作。

（4）编程模型层

编程模型层中的组件是为大规模数据处理提供一个抽象的并行计算编程模型，以及为此模型提供可实施的编程环境和运行环境。编程模型层是整个处理架构的核心部分，它的运行效率决定了整个数据处理过程的效率。目前在基于云计算的大数据处理领域，MapReduce 模型可以说是占据了统治地位。虽然 MapReduce 的基础思想并不具有颠覆性，但是其简洁高效的特性与计算机集群及高速网络结合后，具备了处理大数据的高效生产力，因此得到了广泛的应用，并成为 Hadoop 技术的核心。MapReduce 组件在整个架构中担当了承上启下的关键角色，一方面程序员可以使用 MapReduce 编程模型直接构建数据处理程序，另一方面上层的拓展工具如 Hive 等也利用了 MapReduce 的计算能力进行数据访问和分析。

（5）数据分析层

对于大多数数据分析人员来说，掌握复杂的并行计算编程能力是个成本很高的过程，他们应该更关注数据分析的核心问题，如建立数据模型、挖掘商业价值等。数据分析层中的组件，就是提供一些高级的分析工具给数据分析人员，以提高他们的生产效率。Hadoop 体系中的 Pig 和 Hive 是这一类工具，Pig 提供了一个在 MapReduce 基础之上抽象出的更高层次的数据处理能力，包括数据处理语言及其运行环境，Hive 则可以将结构化的数据映射为一张数据表，为数据分析人员提供完整的 SQL 查询功能，并将查询语言转换为 MapReduce 任务执行。

（6）平台管理层

平台管理层中的组件是确保整个数据处理平台平稳安全运行的保障。平台管理层中的组件提供了包括配置管理、运行监控、故障管理、性能优化、安全管理等在内的全套功能。针对 Hadoop 平台管理的成熟组件有 ZooKeeper、Ambari 等，ZooKeeper 主要提供配置管理及组件协调功能，Ambari 则提供了一个用于安装、管理和监控 Hadoop 集群的 Web 界面工具。

8.5 大数据服务平台案例

案例 1：百度大数据

作为占中国网络搜索市场份额第一的百度公司，近年来以搜索为核心，拓展了与搜索相关的多个领域，包括以贴吧为主的社区搜索、行业垂直搜索、音乐搜索、文库和百科等，其业务范围几乎覆盖了互联网用户在查找中文资料时所需的所有途径。随着互联网用户的快速增长和对网络搜索的依赖程度越来越高，百度需要处理的数据量规模越来越大，对搜索速度和搜索质量的要求也越来越高。因此百度一直是云计算相关技术领域的活跃者。

根据百度公布的资料，目前百度构建的基于Hadoop的大数据处理平台已部署超过20 000个节点，最大集群超过4 000个节点，每天处理的任务数超过120 000个，每天处理的数据量超过20PB，且其规模和处理能力还在持续增长中。这一处理平台主要应用于以下几方面：

1）网页内容的分析和处理。

2）日志的存储和统计。

3）在线广告展示与点击量等商业数据的分析和挖掘。

4）用户推荐、用户关联等用户行为数据的分析和挖掘。

5）运行报表的计算和生成。

由于百度的业务具有多样性，其大数据处理平台并没有采用单一的Hadoop技术架构应对多样化的需求，而是综合运用了包括高性能计算、MapReduce、DAG算法在内的多种技术，以满足不同大数据处理应用场景的需求。其平台架构如图8-2所示。

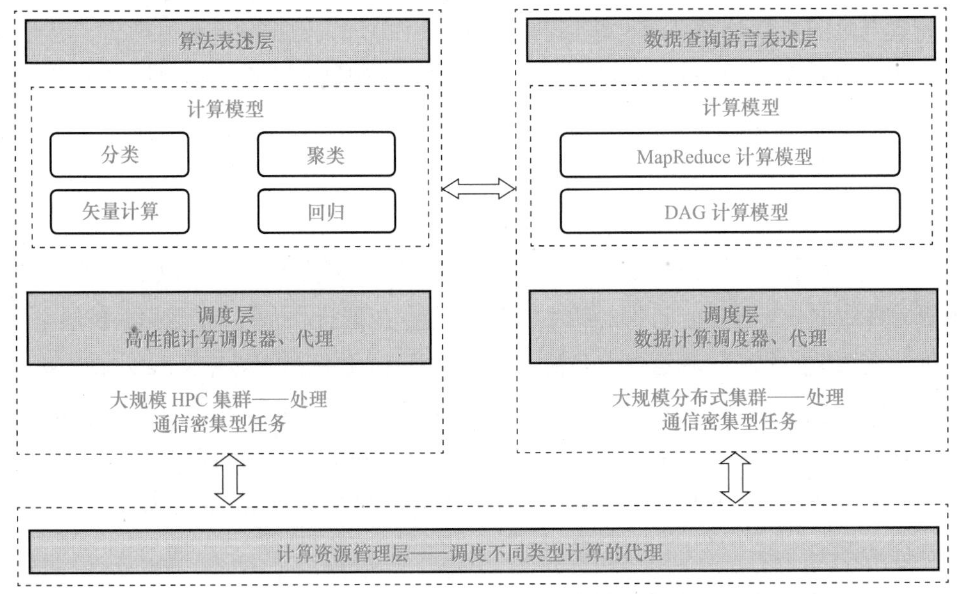

图8-2　百度大数据处理平台架构示意图

案例 2：淘宝大数据

淘宝是目前中国最大的C2C电子商务平台，也是国内第一批采用Hadoop技术进行数据平台升级的公司之一。从2008年起，淘宝就开始投入资源研究基于Hadoop的数据处理平台“云梯”，并将其应用于电子商务相关数据处理。淘宝数据平台使用的 Hadoop 集群是全国最大的 Hadoop 集群之一，它支撑了淘宝的整个数据分析工作。目前整个集群已超过 1 700 个节点，数据容量超过 24.3PB，包含了超过 66 000 000 个文件，并且以每天超过 255TB 的速度不断增长。淘宝数据平台的整体架构图如图 8-3 所示。

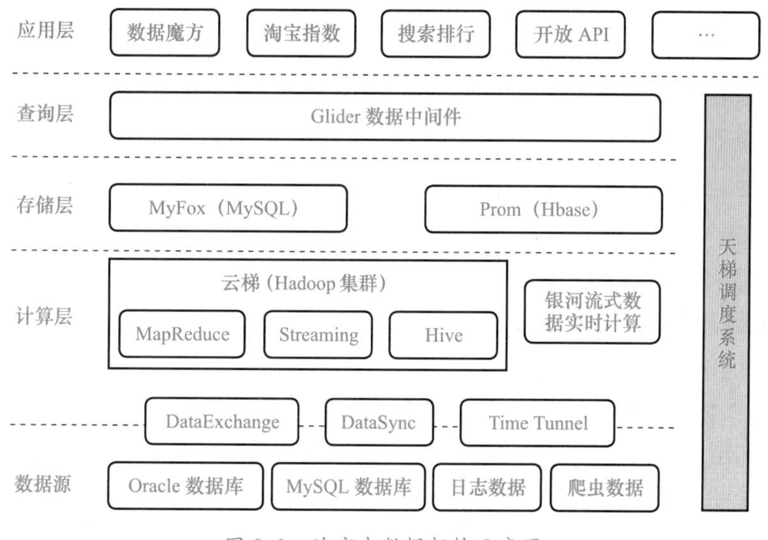

图 8-3　淘宝大数据架构示意图

为了弥补 Hadoop 在实时性方面的不足，淘宝还构建了名为“银河”的流式数据实时计算平台，以处理一些实时性要求很高的数据，例如，针对搜索词的统计等。在存储层中，包含了两个组件，一个是基于 MySQL 的分布式关系型数据库集群 MyFox，另一个是基于 HBase 的 NoSQL 存储集群 Prom。而查询层的 Glider 是为了屏蔽存储层异构模块的差异性，降低应用层的实现难度，Glider 通过 HTTP 对外提供 RESTFul 方式的接口。应用层可以通过一个唯一的 URL 获取到需要的数据。

在淘宝数据平台的实现过程中，为了解决遇到的问题，淘宝的技术团队在以下几方面对 Hadoop 相关组件进行了改进和优化。

1）JobTracker 优化。包括实现了自有的 YunTi 调度器，降低 HeartBeat 锁粒度，进行 JobHistory 页面分离，Log4j 的配置及使用优化等。

2）NameNode 改进。包括用读写锁替换同步锁，实现 RPC Reader 多线程，引入新的 RPC 加速作业提交，提升重启速度等。

3）存储优化。包括采用增量存储表、压缩核心表、压缩历史数据、开发压缩算法等技术节省存储空间。

4）小作业优化，包括避免 JobClient 和 TaskTracker 上传和下载相同文件，实现 Reduce 任务数目自适应机制等。

基于这样一个先进的数据处理平台，淘宝支持了对超过 30 亿的店铺和商品浏览记录、10 亿数量级的在线商品数、每天上千万笔的成交、收藏和评价数据的处理和分析，并从这些数据中挖掘出具有更好商业价值的信息，进而帮助淘宝和入驻商家提高运营效率，辅助消费者完成购物决策。

8.6 大数据应用案例

随着大数据技术的飞速发展，人们对数据价值的认识逐渐加深，大数据已经融入到了各行各业。根据相关调查报告数据显示，超过 39.6% 的企业正在应用大数据并从中获益；超过 89.6% 的企业已经成立或计划成立相关的大数据分析部门；超过六成的企业在扩大大数据的投入力度。对各行业来讲，大数据的使用能力将成为未来取得竞争优势的关键能力之一，原因如下：

1）数据量将成爆发式增长趋势，企业需要加强采集数据的能力。

2）海量数据的存储、管理成本将大幅增加。

3）为更好地挖掘数据价值，需要大量的计算资源。

4）大数据、物联网和人工智能的结合将成为大数据应用的主要方向。

以“开封环境监测网格化监测项目”为例，该项目承建方软通动力信息技术（集团）有限公司采用了华为 NB-IoT（Narrow Band Internet of Things，窄带物联网）物联网技术和华为 OceanConnect 物联网云平台以及软通动力大数据系统，以监测数据、国控数据、人文数据、气象数据等构成的多维数据为依托，通过云计算、大数据、AI 等新一代信息技术，实现了预警预报、分析溯源、发现问题与网络人员执法联动、辅助决策等功能。其架构如图 8-4 所示。

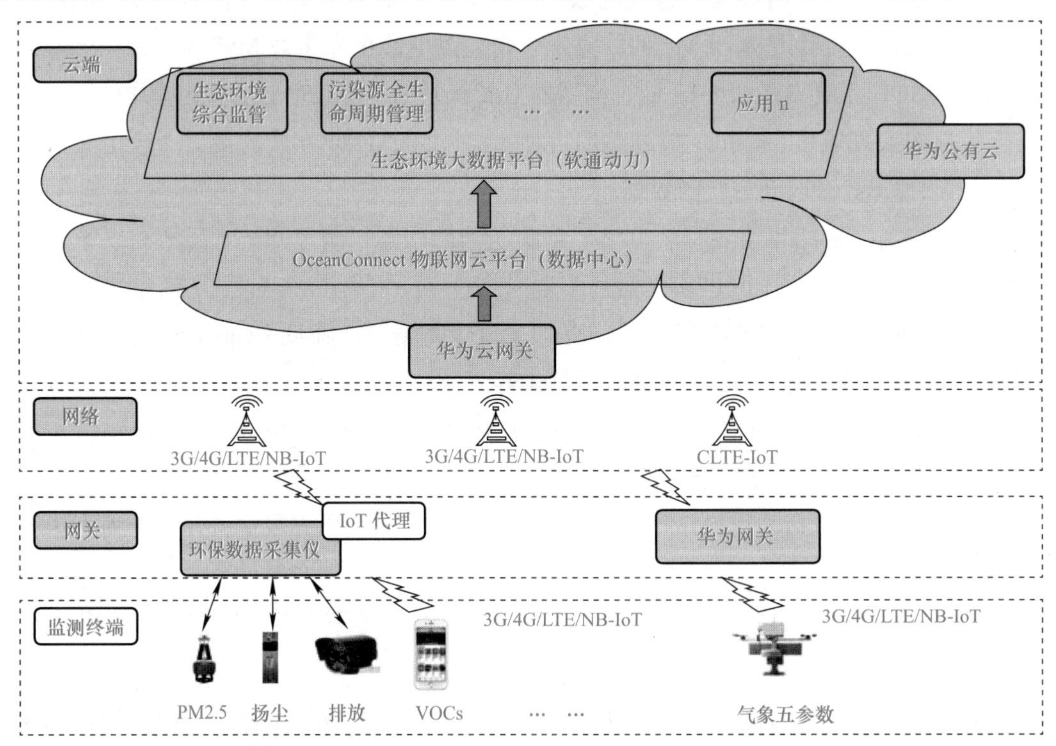

图 8-4　开封环境监测网格化监测架构图

建设目标：

该项目建设的目标是实现空气质量国控站点来源分析、空气质量预测模拟、空气污染源解析、周期性的数据运营报告以及城市生态环境监测运营服务等。

建设内容：

（1）大气环境网格化监测物联网

采用小型化的大气环境监测设备、网格化密集布点，为开封市构建了一张“集群式”监测网络，实现整个区域高时间分辨率、高空间分辨率和多参数的实时动态监测。在重点区县、乡镇布设小型站，实现区域空气质量的实时监测；在国家考核站点周边布设微型空气质量站，对污染来源进行监测；在“小、散、乱、污”企业集聚区布点，监测排污情况；在道路沿线布点，监测交通污染排放。

（2）大气物联网监测服务系统

软通动力将基于华为 OceanConnect 物联网云平台构建的城市生态物联网监测运营服务系统应用到本项目中，该系统利用华为 OceanConnect 物联网云平台实现了对大量、多种环境空气物联网监测设备的接入、管理和运行维护。同时，利用大数据技术对海量监测数据进行实时分析，帮助客户实现大气环境实时监测、空气质量预警预报、污染溯源分析、监测执法联动、治理效果评估等大气污染治理闭环管理，为开封市秋冬季的大气污染防治工作提供了有力保障。

（3）监测运营服务体系

该项目由软通动力投资建设，由环保局分年购买服务，减轻了政府一次性投入的资金压力。同时，软通动力在当地建立了运营服务中心，配备了专业的技术人员和装备，开展监测网络运营维护工作，保障了监测网络的持续有效运行。

项目达成的效果：

1）环境数据得以整合：定义了全市环保应用系统的数据标准并推广、纠偏，全面整合环境信息资源，运用大数据技术将数据转化为适用于不同受众的可用信息，面对政府、企业、公众提供定制化的环境服务。

2）管理效率得以提升：为市县两级环保系统的千余名工作人员提供了信息化服务；为政府提供工作任务、绩效考核、移动办公等便捷应用，大大提升了办公效率；借助大数据、物联网等先进技术，结合社会公众力量，实现了环境污染的精准管理。

3）多元共治得以落实：为全市 1 万余名人大代表（政协委员）提供了环保监督渠道；方便了环保志愿者和社会公众参与环境保护，提升了环境问题的处理效率；强化了企业环境服务，帮助企业落实环保主体责任。

大数据（BigData）又称海量数据（MassiveData），是随着计算机技术、互联网技术以及物联网技术等 IT 技术应用与发展而产生的各种形态的数据现象。现代社会正以惊人的速度产生数据，如手机、网站、微博留言、视频上传与下载、订单、交易、物流运输、科学实验等，各行各业都在不断产生大量的数据，大数据时代已经到来。

各行各业开始对数据的收集、管理、挖掘等作为提升企业核心竞争力，“数据资产是企业核心资产”的理念也逐渐深入企业经营、管理者心中。企业将数据管理作为企业持续发展、战略性规划和辅助决策的手段。数据资产管理效率与主营业务收入增长率、销售收入增长率呈显著正相关。

很多数据源会带来大量低质量数据，具有海量的数据规模、快速的数据流转、多样的数据类型、价值密度低和复杂多变等特征，企业想要科学合理地使用这些数据，就需要借助软、硬件平台实现对这些原始数据的收集、存储、分析、挖掘，从而获得企业需要的信息。云计算分布式和并行计算体系架构为大数据处理提供了强大的技术支撑。

Google 研发了三大核心技术，即并行计算编程模型 MapReduce；具有大数据存储和访问的分布式文件系统 GFS；支持海量结构化数据管理的 BigTable。这三项技术不仅为 Google 采用大量廉价计算机实现包括搜索业务在内的大数据处理能力提供了技术基础，还直接推动了目前被广泛应用的 Hadoop 云计算架构的产生与发展。目前，以 Hadoop 为基础的云计算技术已经成为大数据处理的主要核心平台，Hadoop 经过其开源社区的不断拓展、性能优化和完善，已被众多的云计算和大数据企业，如 Google、Facebook、华为、百度、淘宝等作为大数据处理的技术平台。

大数据的世界不只是一个单一的巨大分布式云计算网络，更是一个由大量活动构件与多元参与者元素所构成的生态系统，是终端设备提供商、基础设施提供商、网络服务提供商、网络接入服务提供商、数据服务使能者、数据服务提供商、触点服务、数据服务零售商等一系列的参与者共同构建的生态系统。

习题

一、填空题

1．大数据（BigData）又称为______。

2．1 DB =______ NB=______ BB。

3．Google 研发了三大核心技术，即并行计算编程模型______；具有大数据存储和访问的分布式文件系统______；支持海量结构化数据管理的______。

4．大数据的世界不只是一个单一的巨大______，更是一个由大量活动构件与多元参与者元素所构成的生态系统。

5．从技术上看，大数据与云计算的关系密不可分。大数据必然无法用单台的计算机进行处理，必须采用分布式架构。它的特色在于对海量数据进行分布式数据挖掘，但它必须依托云计算的______、______、______和虚拟化技术等。

二、简答题

1．什么是大数据?

2．简述大数据有哪些主要特征。

3．大数据处理主要依赖云计算的哪些主要技术手段?

4．列举目前基于云计算分布式并行计算架构的大数据存储和分析的主要工具。

拓\展\项\目

项目名称：使用华为数据可视化平台发布可视化大数据。

背景知识：华为数据可视化（Data Lake Visualization，DLV）服务是一站式数据可视化开发平台，适配云上云下多种数据源，提供丰富多样的 2D、3D 可视化组件，采用拖拽式自由布局，旨在帮助客户快速定制和应用属于客户自己的数据大屏。华为 DLV 提供了基础版、高级版和专业版 3 种版本，为不同行业客户提供了一套直观、形象、全面的大数据信息的可视化展示平台。

华为 DLV 具有以下主要特点：

1）丰富多样的可视化组件：提供丰富的可视化组件，包括常用的数据图表、图形、控件等。

2）专业级地理信息可视化：支持绘制地理轨迹、地理飞线、热力分布、地域区块、3D 地球等效果，支持地理数据多层叠加。

3）图形化编辑界面：拖拽即可完成组件自由配置与布局、所见即所得，无需编程就能轻松搭建可视化大屏，并且依据投放设备的分辨率自由定制大屏尺寸。

4）多种数据源支持：无缝集成华为云数据仓库服务、数据湖探索、关系型数据库、对象存储服务等，支持本地 CSV、在线 API 及企业内部私有云数据。

操作提示：使用华为数据可视化平台发布可视化大数据的步骤如下（以下操作窗口因华为网站的不断变化会有所不同，这里仅供参考）：

步骤 1：进入华为云平台。

打开华为云官网（https://www.huaweicloud.com/），单击“产品”菜单。如图 8-5 所示。

图 8-5　华为云产品列表

步骤 2：注册和登录。

使用数据可视化服务（DLV）前，需要先注册一个华为云账号，并登录控制台。

（1）注册账号

在页面右上方，单击“注册”按钮，在注册页面，输入账号名、密码、手机号码以及短信验证码信息。如果已有账户，可直接单击右上角的“登录”按钮。如图 8-6 所示。注册完成后，系统将跳转到华为云官网。

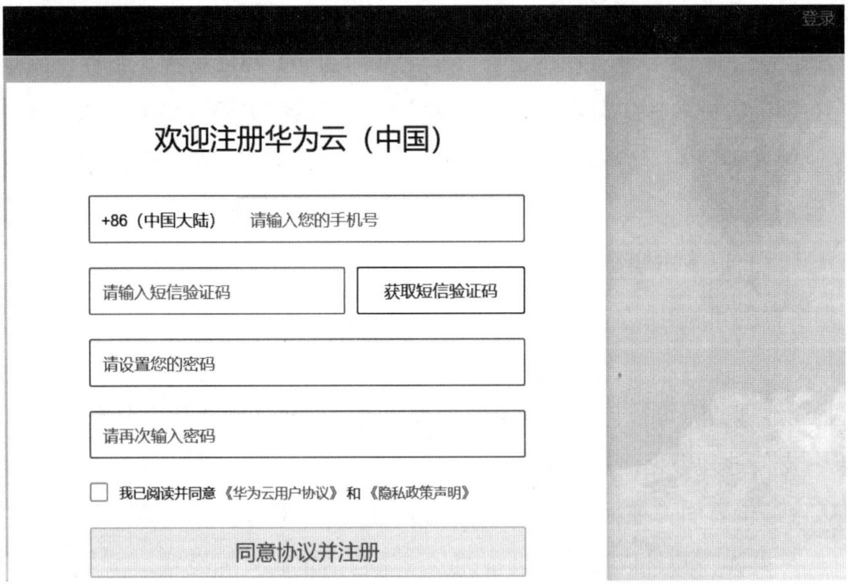

图 8-6　华为云账户注册窗口

（2）实名认证

根据国家法律规定，必须完成实名认证后才能使用云服务。在华为云官网的右上方，单击“控制台”按钮，输入注册的账号和密码。账号登录控制台后，单击界面右上角的用户名，再单击“实名认证”按钮，如图 8-7 所示。在图 8-7 中选择“个人用户”或“企业用户”。根据提示信息完成实名认证。这里可以选择“个人用户”。

图 8-7 实名认证窗口

步骤 3：数据可视化 DLV 设计。

华为提供体验试用版本，这里可以使用免费的试用版本。在图 8-5 产品列表窗口中选择“产品”→“全新发布”→“数据可视化”，进入数据可视化 DLV 设计，如图 8-8 所示。

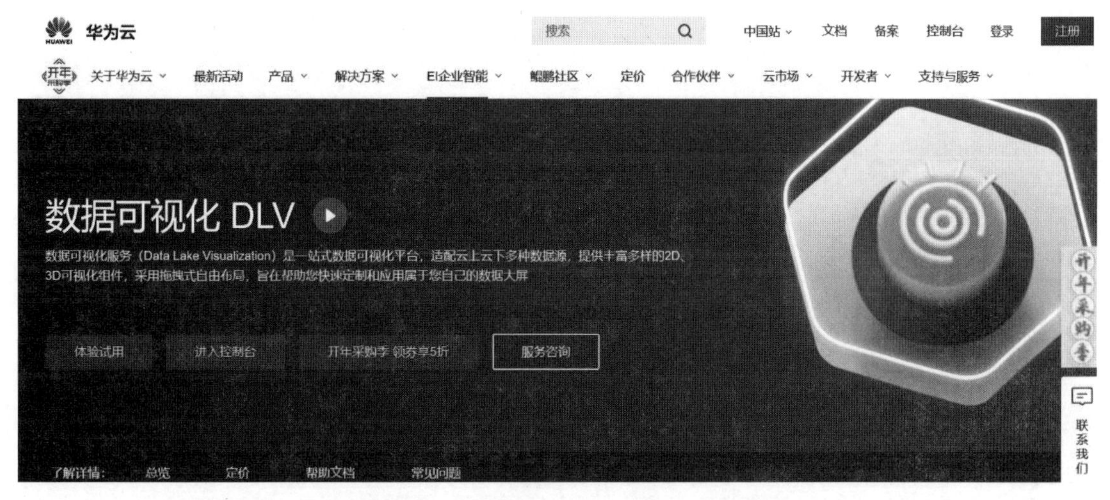

图 8-8 数据可视化服务选择窗口产品

单击“体验试用”按钮，出现收费说明窗口，因为是体验用户，所以提示是“免费试用”，如图 8-9 所示。

步骤 4：进入控制台。

如果已经是注册账户，可用从图 8-8 页面直接进入控制台，也可以从图 8-9 页面进入控制台。在控制台左上方，单击，选择区域（这里选择“北京一”）。在控制台右上方，单击“服务表”，选择“EI 企业智能”→“数据可视化 DLV”，如图 8-10 所示，然后显示订单信息，如图 8-11 所示。

您已经开通基础版（免费试用）
到期时间：2019/08/21 23:59:59 GMT +08:00
进入控制台
版本特性
功能名称
基础版 60元/年
高级版 6000元/年
专业版 15000元/年
发布分享
发布
加密发布
动态Token鉴权
大屏&模板
可用模板（单位：个）
3
所有模板
所有模板
可创建大屏数（单位：个）
5
20
50
云数据库 MySQL
MySQL
CSV文件
静态JSON

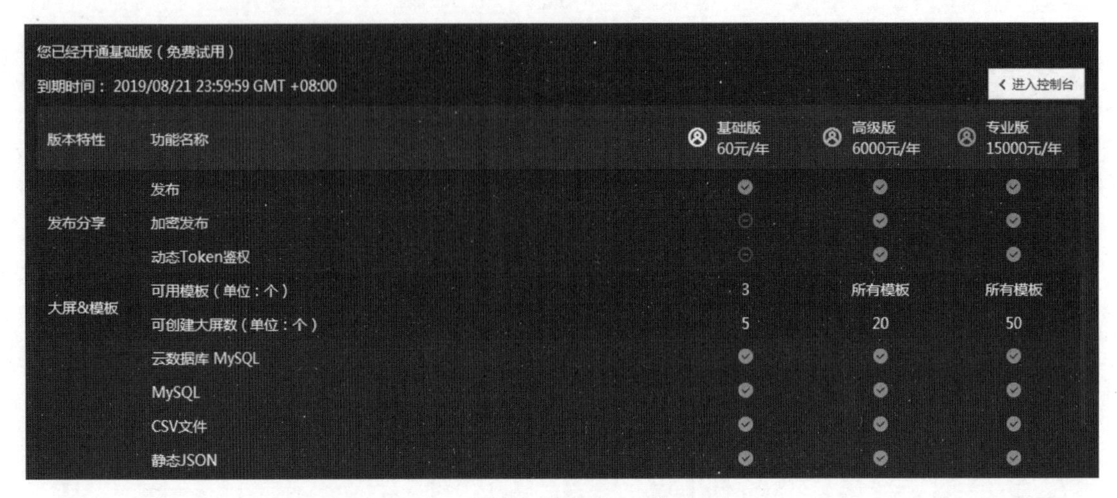

图 8-9　体验试用提示窗口

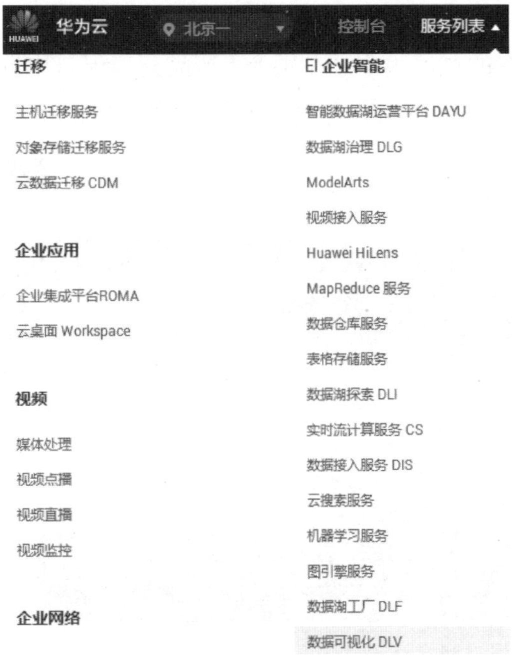

华为云
北京一
控制台
服务列表
迁移
主机迁移服务
对象存储迁移服务
云数据迁移 CDM
企业应用
企业集成平台ROMA
云桌面 Workspace
视频
媒体处理
视频点播
视频直播
视频监控
企业网络
EI 企业智能
智能数据湖运营平台 DAYU
数据湖治理 DLG
ModelArts
视频接入服务
Huawei HiLens
MapReduce 服务
数据仓库服务
表格存储服务
数据湖探索 DLI
实时流计算服务 CS
数据接入服务 DIS
云搜索服务
机器学习服务
图引擎服务
数据湖工厂 DLF
数据可视化 DLV

图 8-10　选择数据可视化项目

华为云
控制台
服务列表
收藏
购买数据可视化
1 (必选项) 服务选型
* 区域
华北-北京一
* 版本
基础版
高级版
专业版
* 版本说明
功能
功能说明
发布&分享
公开发布
场景模板
3个
可创建大屏数
5个
配置费用 ¥60.00
参考价格，具体扣费请以账单为准。了解计费详情

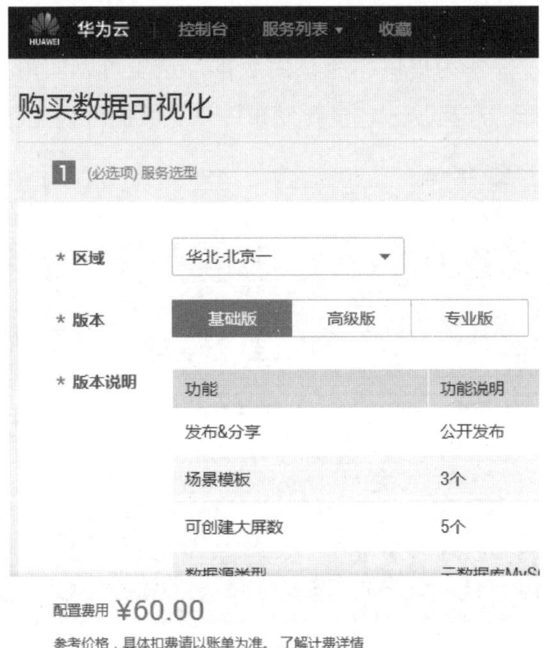

图 8-11　在线购买数据可视化服务

单击“进入控制台”按钮，进入数据可视化设计窗口，如图 8-12 所示。

步骤 5：设计“我的大屏”。

在数据可视化设计窗口中，主要提供“我的大屏”“场景模板”“我的数据”“帮助文档”等功能。“我的大屏”页面主要提供大屏新建、编辑、预览、发布、复制、删除、重命名以及查看大屏列表等功能。单击“+ 新建大屏”按钮，进入新建大屏设计窗口，在右下角输入大屏名称，然后选择“创建大屏”，如图 8-13 所示。

图 8-12　数据可视化设计窗口

图 8-13　定义我的大屏名称

进入“我的大屏”设计窗口，如图 8-14 所示。

图 8-14　我的大屏设计窗口

步骤 6：连接数据源。

要发布可视化数据，必须首先链接到要发布的数据来源。在图 8-12 中，选择“我的数据”→“+ 新建数据连接”，在弹出的窗口中，定义连接数据的来源，如图 8-15 所示。

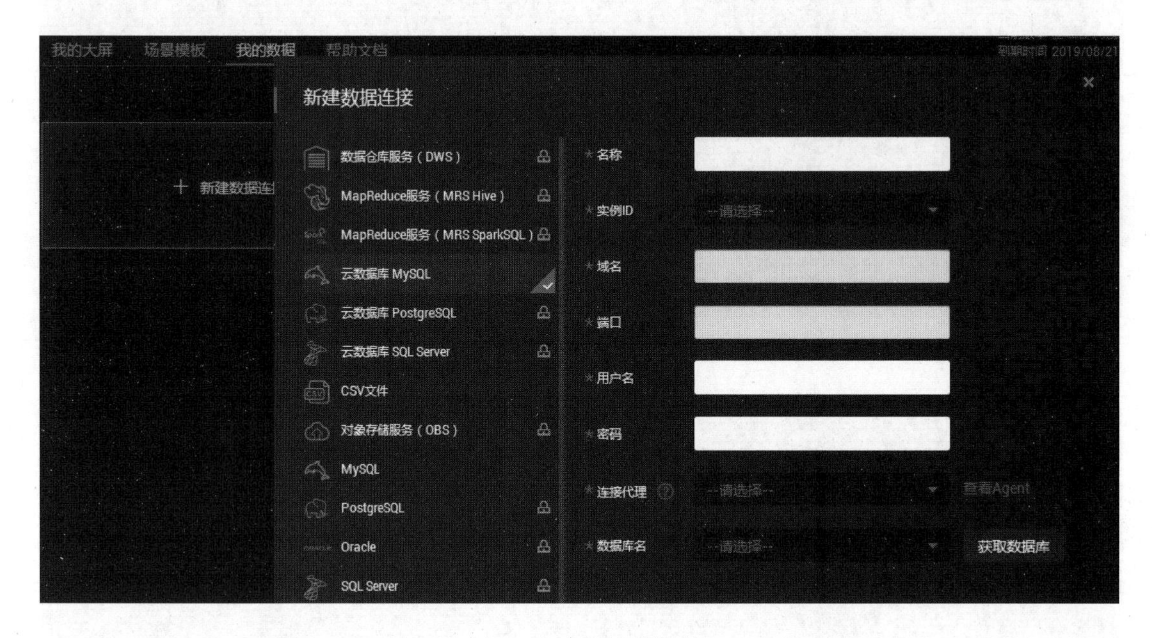

图 8-15　新建数据连接窗口

新建数据连接窗口中的参数说明如下：

名称：只能包含英文字母、中文、数字、“-”和“_”，且长度为 1 ～ 32 个字符。

实例 ID：从列表中选择可用的 DWS（数据仓库服务）集群。如需新建 DWS 集群，单击列表框后方的“创建集群”。

域名：选择 DWS 集群后，自动匹配数据库的内网域名，支持修改。

端口：选择 DWS 集群后，自动匹配数据库端口，支持修改。

用户名：填写数据库的用户名。该数据库用户需要有数据表的读取权限以及对元数据的读取权限。

密码：填写数据库用户的密码。

连接代理：选择可用的 CDM（数据副本管理）集群。如需查看 CDM 集群列表，可单击列表框后方的“查看 Agent”。

数据库名：单击“获取数据库”按钮，在列表框中选择数据库。

步骤 7：发布可视化数据。

大屏开发完成后，可以通过发布功能向其他用户分享大屏，如图 8-16 所示。

发布完成后的效果如图 8-17 所示。

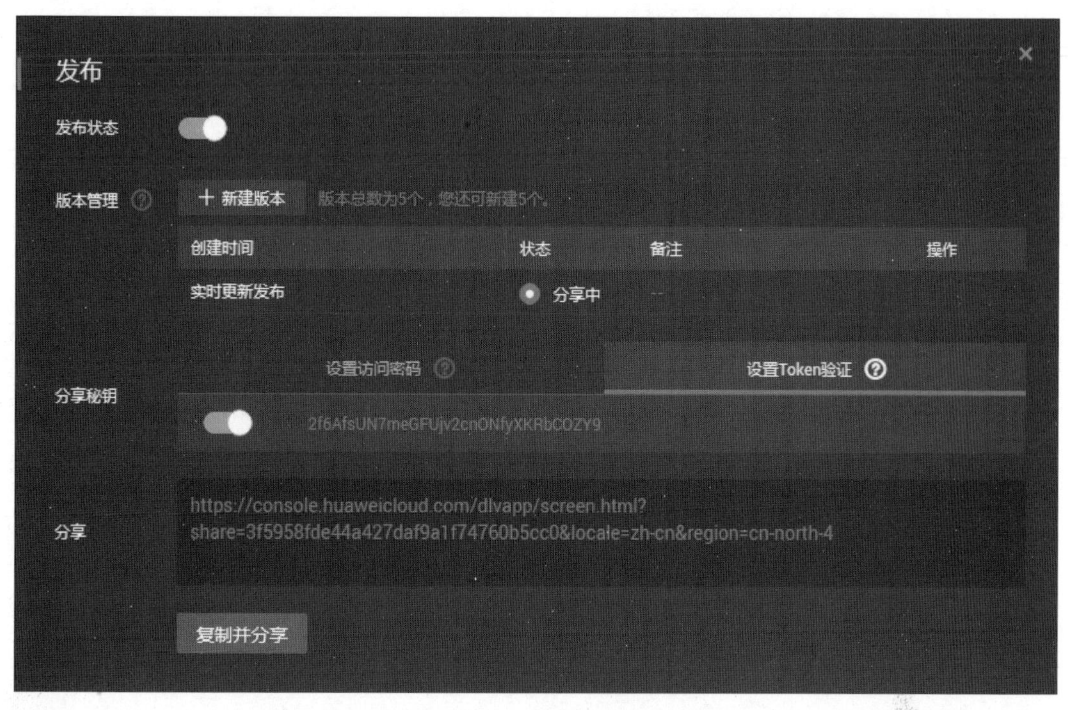

图 8-16　数据可视化发布窗口示例

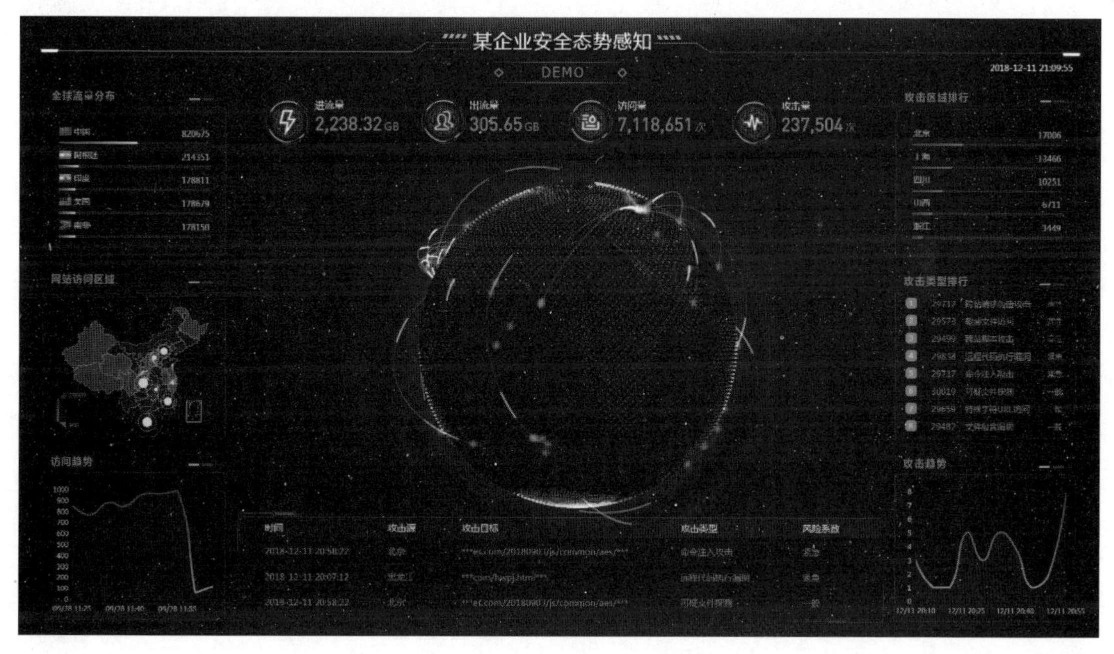

图 8-17　数据可视化示例图

Chapter 9

第9章 云计算安全方案设计与部署

病毒也勒索

2017 年 5 月 12 日，一种新型“蠕虫”式勒索病毒 WannaCry（又叫 Wanna Decryptor）爆发，勒索病毒肆虐，成为一场全球性互联网灾难。据统计，至少 150 个国家、30 万名用户中招，造成损失达 80 亿美元，已经影响到金融、能源、医疗等众多行业，造成严重的危机管理问题。黑客提示需要支付价值相当于 300 美元的比特币才可解锁，如果在 72 小时之内不支付，这一数额将会翻倍，一周之内不支付将会无法解锁，用户的系统和宝贵数据可能遭受灭顶之灾。这种病毒所造成的损害和对用户所造成的心理恐惧至今都令人不寒而栗。

2017 年 5 月 13 日晚间，一名英国研究员无意间发现的 WannaCry 隐藏开关（Kill Switch）域名，意外地遏制了病毒的进一步大规模扩散，可谓“拯救了世界”。

本章导读

云安全技术是支撑云计算应用与发展的基石，包括数据安全、运行系统安全、硬件设备安全以及管理安全等内容。云计算安全问题是影响用户选择云服务的关键因素，也是阻碍当前云计算应用的主要障碍之一。云安全问题除了可能发生大规模云系统故障外，还包括目前缺乏统一的安全标准和适用法规、缺乏对于用户的隐私保护、数据主权、迁移、传输、容灾、灾备等问题。解决好安全问题，是推进云计算应用与发展的重要基础。

本章主要从网络层、主机层和应用层等多个层面分析云计算系统存在的安全威胁，系统分析云计算工程各组成部分可能存在的安全类型，并对应提出解决这些安全问题的具体措施、手段以及部署位置。

学习目标

1. 了解云计算所面临的新的安全威胁来源
2. 了解云计算工程安全解决方案的设计内容
3. 了解云计算数据中心安全防范措施和部署特点
4. 掌握数字证书的基本原理和使用规则

9.1 云计算带来新的安全问题

勒索病毒是一种新型计算机病毒，主要以邮件、程序木马、网页挂马的形式进行传播，一旦感染将给用户带来无法估量的损失。这种病毒利用各种加密算法对文件进行加密，被感染者一般无法解密，必须拿到解密的私钥才有可能破解。互联网安全问题主要包括木马、蠕虫或其他病毒获取操作系统权限等手段，威胁网络安全。 随着云计算的发展，以大流量的 DDoS（Distributed Denial of Service）攻击、篡改网站、暴力破解、特别是窃取和篡改云平台上数据等安全问题更加突出，对云计算的应用和发展带来了新的安全问题。

在传统的信息安全时代，主要采用隔离作为安全的手段，具体分为物理隔离、内外网隔离和加密隔离，实践证明，这些隔离手段针对传统 IT 架构能起到有效的防护。同时这种隔离为主的安全体系催生了一批以硬件销售为主的安全公司，例如，各种防火墙（FireWall）、入侵检测系统 / 入侵防御系统（IDS/IPS）、Web 应用防火墙（WAF）、统一威胁管理（UTM）、SSL 网关、加密机等。在这种隔离措施下，导致了长久以来信息安全和应用相对独立的发展、传统信息安全表现出分散、对应用的封闭和硬件厂商强耦合的特点。

随着云计算产业的不断发展，这种隔离为主体思想的传统信息安全在新的 IT 架构中逐渐难以胜任了。公有云的典型场景是多租户共享，但和传统 IT 架构相比，原来的可信边界彻底被打破了，威胁可能直接来自于相邻租户。攻击者一旦通过某些漏洞实现从虚拟入侵到宿主机，就可以控制这台宿主机上的所有虚拟机。同时更致命的是，整个集群节点间通信的 API 默认都是可信的，因此可以从这台宿主机与集群消息队列交互，集群消息队列会被攻击者控制，导致整个系统受到威胁。

从技术层面看，云安全体系建立不完善、产品技术实力薄弱、平台易用性较差，会造成用户使用困难。从运维层面看，运维人员部署不规范、没有按照流程操作、缺乏经验、操作失误或违规滥用权利，致使敏感信息外泄。从用户层面看，用户安全意识差、没有养成良好的安全习惯、缺乏专业的安全管理，或有严格的规章制度但不执行，造成信息外泄等。三分技术，七分管理，严格的管理制度是整个系统安全的重要保障。

因此，从信息安全自身发展来看，要建立从硬件层、网络层、应用层和主机层等多个层面的安全防御体系，才能面对未来的威胁。

9.2 云计算安全问题的主要特征

从技术层面分析云计算安全问题，首先是多租户带来的安全问题。需要使不同用户之间相互隔离，避免相互影响，通过一些技术防止用户有意或无意识地“串门”。其次是采用第三方平台带来的安全风险问题。提供云服务的厂商不是全部都拥有自己的数据中心，一旦租用第三方的云平台，那么这里面就存在服务提供商管理人员权限的问题。第三是服务连续性问题。传统互联网服务也存在单点故障的问题，所以才会有双机备份，即主服务器停止服务，备用服务器在短时间内启动并提供正常服务。在传统方式下，一组服务停止工作只会影响到自己的业务和用户，但是在云环境下，云服务提供商的服务终止了，影响的就不是一个用户，而是一大片用户，影响范围可能非常巨大。

9.3 云计算安全部署方案

云计算安全问题主要集中在云计算数据中心的各个子系统，云计算数据中心安全部署整体解决方案，包括网络安全、主机安全、应用安全、数据安全、云平台安全以及安全运维等多个层面，如图 9-1 所示。云计算数据中心安全设计方案必须进行整体规划设计和科学合理的部署，才能保障云计算系统的正常运行。

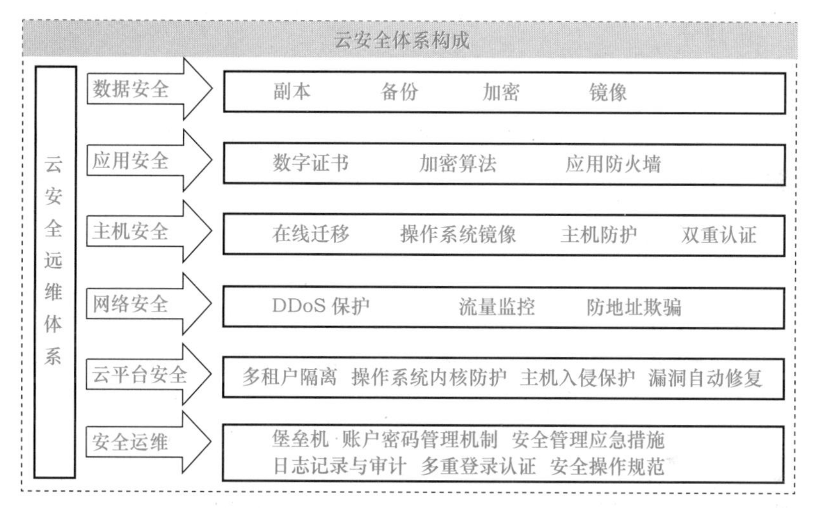

图 9-1 云计算安全架构图

9.3.1 网络安全

网络安全问题是云计算系统安全重大问题，涉及的层面比较广，受到攻击的类型也比较多，因此解决网络安全问题是保障云系统正常运行的关键。网络安全问题主要体现在以下几个层面：

（1）网络攻击问题

云计算必须基于随时可以接入的网络，便于用户通过网络接入，方便地使用云计算资源。云计算资源的分布式部署使路由、域名配置更加复杂，更容易遭受网络攻击，如 DNS 攻击和 DDoS（即分布式拒绝服务，是通过大量的合法访问请求导致目标计算机来不及响应后面的请求，造成后续访问请求不能被服务器及时回应，导致目标计算机 CPU、内存满负荷运转、应用繁忙和网络拥堵，在客户端造成不能访问服务器的现象）攻击等，而对于 IaaS，DDoS

攻击不仅来自外部网络，也容易来自内部网络。

（2）用户逻辑隔离形成安全漏洞

企业网络通常采用物理隔离等高安全手段，保证不同安全级别的组织或部门的信息安全，但云计算采用逻辑隔离的手段来隔离不同企业以及企业内部不同的组织与部门，逻辑隔离代替物理隔离可能使企业网络原有的隔离产生安全漏洞。

（3）多租户资源共享风险

多租户共享计算资源带来了更大的风险，包括隔离措施不当造成的用户数据泄露，用户遭受相同物理环境下的其他恶意用户攻击，网络防火墙、IPS（Intrusion Prevention System，入侵防御系统）虚拟化能力不足，导致已建立的静态网络分区与隔离模型不能满足动态资源共享需求。

具体解决方案和部署如下：

（1）安全区域划分

安全区域的划分主要依据系统应用功能、资产价值和资产所面临的风险划分。目前安全区域主要分为内网安全接入平台区、内网核心交换区、内网应用服务器区、内网数据库区、内网运行管理区、外网互联网接入区、外网核心交换区、外网服务器区、外网数据库区和外网运行管理区。

（2）防火墙

在网络边界安全设计上，数据中心应严格遵循等级保护的安全规范和标准的要求，需采用一致的边界安全隔离方式。这种边界安全的一致性主要体现在以下几个方面：

1）各逻辑区域之间采用相同的安全隔离策略。

2）各逻辑区域之间采用相同厂商、相同品牌的防火墙设备。

3）各逻辑区域之间的对应防火墙设备采用相同的安全规则配置。

4）数据中心的各二层透传区域，通过 STP 根节点的调整，避免产生环路的隐患。

5）通过数据中心对应逻辑区域防火墙设备的一致性和安全规则配置的一致性，确保数据中心内部各逻辑区域的一致性。

6）防火墙作为重要的边界防护设备，将其部署在安全区域之间，同时部署在不同等级保护级别的区域之间。按照高可用、纵深防御的安全原则进行部署。

7）所有区域防火墙进行冗余部署。

8）在安全接入平台区域和互联网接入区域部署防火墙进行边界防护。

9）核心交换区旁挂防火墙进行区域内部流量的访问控制。

（3）网闸

网闸是使用带有多种控制功能的固态开关读写介质连接两个独立主机系统的信息安全设备。由于物理隔离网闸所连接的两个独立主机系统之间，不存在通信的物理连接、逻辑连接、信息传输命令、信息传输协议，不存在依据协议的信息包转发，只有数据文件的无协议“摆渡”，且对固态存储介质只有“读”和“写”两个命令。所以，物理隔离网闸从物理上隔离，阻断了具有潜在攻击可能的一切连接，使“黑客”无法入侵、无法攻击、无法破坏，实现了真正的安全。

部署位置：安全接入平台区和内网与外网隔离区域。

（4）安全数据交换系统

安全数据交换系统能够实现跨安全域数据交换的网络安全产品。产品由非信任端服务器和信任端服务器组成，提供基于数据库和文件的安全数据交换，适用于对跨安全域数据交换有高效、安全、可靠需求的政府及企业用户。

部署区域：安全接入平台区。

（5）防 DDoS 攻击

部署 DDoS 防御，抵御大流量的 DDoS 攻击，对 SYN Flood、UDP Flood、ICMP Flood、DNS Flood 等多种攻击类型能够准确识别和控制，同时还能提供蠕虫病毒流量的识别和防范服务能力。

部署位置：外网互联网接入区。

（6）入侵防御系统

集成部署入侵防御系统，主要用于检测云平台应用主机存在的攻击迹象，通过应急响应机制，将攻击影响减少到最低的程度。入侵防御系统通过实时侦听网络数据流，寻找网络违规模式和未授权的网络访问尝试。当发现网络违规行为和未授权的网络访问时，监控系统能够做出反应，包括实时报警、事件登录或执行用户自定义的安全策略（与防火墙建立联动）等。入侵防御系统建设的主要内容包括：

1）入侵检测产品应有国家相关安全部门的证书。

2）根据需要对入侵防御系统的配置进行更改，进行监控。

3）定期备份配置和日志。

4）入侵防御系统设置加长口令。

5）网络管理人员调离或退出本岗位时口令应立即更换。

部署位置：互联网接入区。

（7）防毒墙

防毒墙主要利用“恶意站点过滤引擎”“深度内容检测与特征匹配引擎”“启发式引擎”三大过滤引擎对进出网络的 HTTP、HTTPS、FTP、SMTP、POP3、IMAP 等几种协议流量进行依次的扫描过滤，最大限度地确保检测的准确性，减少漏查和误报。其具体功能点如下：

1）分析检测并阻止 HTTP、HTTPS、FTP、SMTP、POP3、IMAP 双向流量中的病毒、木马、间谍软件、蠕虫、后门等网络威胁。

2）间谍软件回传阻止。

3）过滤阻断病毒发布源。

4）防钓鱼。

5）过滤分块下载中的病毒。

6）应对零日（0day，指所有在官方发布作品之前或当天，由一些特别小组以一定的格式打包发布的数码内容）攻击。

7）快速定位内部威胁终端。

8）过滤阻断 Botnet（僵尸网络）Web 服务器。

9）细粒度的应用控制。

防毒墙在分析识别 P2P、流媒体、网络游戏、网络炒股等互联网应用或内容后，通过基于用户按时间段制定允许、阻断、限流和记录日志等细粒度的策略达到对互联网应用的控制、分析与监控；同时为了满足策略群组中特定用户的需求，还可以设定特定的 IP 或用户。

Web 服务器保护功能部署在 Web 服务器的前端，通过对进出 Web 服务器的 HTTP/HTTPS 相关内容的实时分析监测、过滤，来精确判定并阻止各种 Web 入侵行为，阻断对 Web 服务器的恶意访问与非法操作，适应 Web2.0 时代的主动实时监测过滤风险，而不是被动地遭受攻击后的恢复，将恶意代码、非授权篡改、应用攻击等众多因素结合在一起进行综合防范，从而做到对 Web 服务器的保护，防止网站被挂马和植入病毒、恶意代码、间谍软件、SQL 注入等攻击。

部署位置：互联网接入区。

（8）入侵检测系统

入侵检测系统（Intrusion Detection System，IDS）是对防火墙有益的补充，入侵检测系统被认为是防火墙之后的第二道安全闸门，对网络进行检测，提供对内部攻击、外部攻击和误操作的实时监控，提供动态保护，大大提高了网络的安全性。

入侵检测系统主要有以下特点：

1）事前警告：入侵检测系统能够在入侵攻击对网络系统造成危害前，及时检测到入侵攻击的发生并报警。

2）事中防护：网络系统入侵攻击发生时，入侵检测系统可以通过与防火墙联动等方式报警及动态防护。

3）事后取证：网络系统被入侵攻击后，入侵检测系统可以提供详细的攻击信息，便于取证分析。

部署位置：安全接入平台区核心；内网核心交换区核心；外网核心交换区。

（9）流量审计

流量审计系统提供流量分析功能，统计分析当前网络流量状况，用户可根据此功能分析网络中的应用分布以及网络带宽使用情况等。流量审计的主要内容包括：

1）网络协议内容审计：对常见的网络协议进行内容和行为审计，审计对象包括网页、邮件、文件传输 FTP、文件共享、DNS 等。

2）基本信息审计：基本信息主要包括 TCP 五元组（源地址、目的地址、源端口、目的端口、传输协议）、应用协议识别结果、IP 地址溯源结果等。

3）多维度统计分析：流量审计系统提供多维度的统计分析，分析 SQL 语句以及网络带宽上的性能瓶颈，为保障系统持续稳定运行打下基础，为网络扩容提供依据。支持自定义多维度统计分析场景，用户可根据自身的业务需求，对审计结果的任意属性进行统计分析。

部署位置：内网核心交换区；外网核心交换区。

（10）服务器网络

云计算资源采用虚拟化架构，云服务器网络的安全要求包括：

1）应用系统按照安全要求进行云服务器资源隔离。

2）云服务器的业务网络和管理网络应逻辑隔离。

（11）漏洞扫描

在管理区域部署漏洞扫描系统，扫描的对象包括云服务器、防火墙、路由器和交换机等。通过定期对付系统扫描，可以及时发现存在的漏洞；通过与防火墙、入侵防御系统的有效配合，可以有效提高系统的安全性。

漏洞扫描的主要内容包括：

1）按照业务系统本身的特点制定定期的漏洞扫描策略，避开业务高峰时段，分网段、分业务制定单独的策略。

2）在突发的安全事件中，迅速定位可疑位置，对可疑的网段及设备进行漏洞扫描，及时处理漏洞。

3）根据不同的扫描对象选择或制定不同的策略，如针对防火墙、云服务器、路由器和交换机等。扫描结束后生成详细的安全评估报告，其中包括缺少的安全补丁、词典中可猜中的口令、不适当的用户权限、不正确的系统登录权限、操作系统内部是否有黑客程序驻留、不安全的服务配置等。

4）快速全面的漏洞结果分析，提交分析报告。安全管理人员可根据报告中详述的内容修改操作系统、防火墙、路由器、交换机中不安全的配置。

5）部署位置：内网运管区；外网运管区。

（12）虚拟专网（VPN）

对于外部接入云系统的管理访问或安全访问通过安全认证网关设备，启用虚拟专网（VPN）技术访问云上的敏感信息。VPN 要求包括：

1）提供灵活的 VPN 网络组建方式，支持 IPSec VPN 和 SSL VPN，保证系统的兼容性。

2）支持多种认证方式，支持用户名 + 口令、证书、USB+ 证书 + 口令等认证方式。

3）支持隧道传输保障技术，可以穿越网络和防火墙。

4）支持网络层以上的 B/S 和 C/S 应用。

5）能够为用户分配专用网络上的地址并确保地址的安全性。

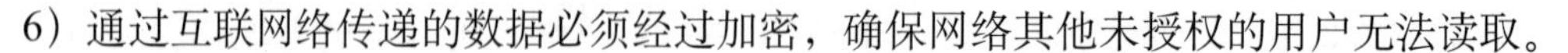

6）通过互联网络传递的数据必须经过加密，确保网络其他未授权的用户无法读取。

7）提供审计功能。

8）内网核心防火墙开启 SSL VPN 功能。

部署位置：外网运管区 SSL VPN 及 IPSec VPN 系统。

（13）操作监控与审计（堡垒机）

保障云网络和数据不受来自外部和内部用户的入侵和破坏，运用操作监控与审计设备（堡垒机）实时收集和监控网络环境中每一个组成部分的系统状态、安全事件、网络活动，以便集中报警、记录、分析、处理。其具体要求包括：

1）对操作系统、数据库、网络设备、安全设备等一系列授权账号进行密码的自动化周期更改。

2）统一账户管理策略，对所有服务器、网络设备、安全设备等账号集中管理和监控。

3）强化角色管理能力，审计巡检员、运维操作员、设备管理员等自定义设置，以满足审计需求。

4）统一的认证接口，对用户进行认证，支持身份认证模式，包括动态口令、静态密码、硬件 Key 和生物特征等多种认证方式；设备具有灵活的自定义接口，可以与第三方认证服务器之间互联。

5）基于用户、目标设备、时间、协议类型 IP 和行为等要素实现细粒度的操作授权。

6）对不同用户制定不同策略，实行细粒度的访问控制。

7）对字符串、图形、文件传输和数据库等全程进行操作行为审计，通过设备录像方式实时监控运维人员对操作系统、安全设备、网络设备和数据库等的各种操作，对违规行为进行事中控制，对终端指令信息进行精确搜索，录像精确定位。

部署位置：内网运管区；外网运管区。

（14）防病毒系统

部署防病毒系统，提供防病毒和防恶意软件服务，避免对业务系统的安全造成影响。资源池下虚拟机迁移时，系统将继续保持安全防护，统一管理和执行安全策略。

部署位置：内网运管区；外网运管区。

（15）安全管理中心

安全管理中心系统由设备状态实时监视、数据采集与处理、数据存储、安全事件实时关联分析、告警响应以及系统管理等子系统构成。各子系统相互耦合、协作，保证整个系统稳定、高效。其系统架构如下：

1）安全信息数据自动收集：自动收集各种安全设备（如防火墙、IDS、AV 等）、网络设备（如路由器、交换机）、应用系统（如 Web、E-mail）、操作系统（如 Windows、Linux、UNIX）等所产生的海量安全信息数据，支持远程、代理两种数据收集模式。

2）安全信息格式归一化处理：将不同系统所产生的不同格式、难以理解的安全信息数据统一格式化处理，提炼出有用信息，清晰、明确地展示给管理者。

3）原始安全信息数据高效存储：采用专用数据存储技术对海量安全信息数据实时压缩，数据加密存储，防篡改，支持自定义存储位置（磁盘阵列、SAN、NAS 等外部存储网络），以获取超大存储空间；支持存储空间实时动态监视，图形化显示最新存储空间使用情况，支持按存储空间、存储时间进行多维度存储策略管理。若存储空间超过设定阈值，则系统自动报警，提醒管理者备份原始数据。

4）安全事件实时分析：系统在自动收集原始安全信息数据的同时根据事件规则对数据进行实时、深度的安全事件分析，并将分析所得的安全事件存储并通知告警平台，支持安全事件的实时监视、查询。

5）安全事件实时告警：安全事件告警响应模块根据实时分析所得的符合安全事件告警规则的安全事件进行实时安全告警，支持按事件级别产生告警，可设置事件发生频率支持自定义告警规则。

6）设备状态实时监视：系统实时监控网络设备、安全设备、主机以及应用信息系统的基本信息、流量信息、连接数信息、接口使用信息、CPU 使用率、内存使用率等状态信息。

7）安全信息高效查询：系统支持对海量安全信息进行组合条件检索查询，查询结果根据归一化后的格式展现给管理者，便于管理者事后追溯。同时，系统为具有一定专业知识的高级管理者提供归一化数据与原始数据同屏对比显示功能，高级管理者可以更深入地分析原始安全信息数据。

8）多样化统计分析报表：系统在对安全信息数据进行详尽的分析及统计的基础上支持丰富的报表，实现分析结果的可视化，以帮助管理员对网络事件进行深度的挖掘分析。

9）系统状态实时监控：包括对系统的运行状况，包括流量、内存使用率、CPU 使用率和存储空间使用率等，同时也支持实时安全信息监控、实时告警事件监控、实时安全事件监控。

部署位置：内网运管区；外网运管区。

9.3.2 主机安全

云计算主机安全问题主要包括以下几个层面：

（1）虚拟化监控管理系统的安全问题

虚拟化监控管理系统是虚拟化的核心，可以捕获 CPU 指令，为指令访问硬件控制器和外设充当中介，协调所有的资源分配，运行在比操作系统特权还高的最高优先级上。一旦虚拟化监控管理系统被攻击破解，在虚拟化监控管理系统上的所有虚拟机将无任何安全保障，直接处于攻击之下。

（2）虚拟机的安全问题

虚拟机动态地被创建、被迁移，虚拟机的安全措施必须相应地自动创建、自动迁移。

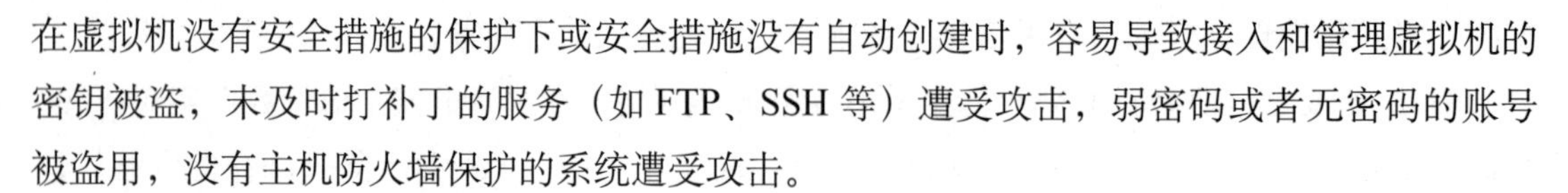

在虚拟机没有安全措施的保护下或安全措施没有自动创建时，容易导致接入和管理虚拟机的密钥被盗，未及时打补丁的服务（如FTP、SSH等）遭受攻击，弱密码或者无密码的账号被盗用，没有主机防火墙保护的系统遭受攻击。

具体解决方案和部署如下：

（1）可信边界安全网关

可信边界安全网关是基于SSL协议的独立远程接入安全平台，无需改变网络结构和应用模式，为基于B/S和C/S架构的网络应用提供身份认证、传输安全和访问控制等安全服务。支持Web应用，以及Exchange、FTP、Telnet、CRM、ERP、Mail、DBMS等。

可信边界安全网关支持广泛的身份认证机制，包括第三方的Radius认证系统、第三方动态口令认证系统以及第三方基于PKI的认证系统。

可信边界安全网关的主要功能如下：

1）解决身份认证问题：在远程跨信任域访问中需防止非法用户冒充合法用户身份或一个合法用户冒充另一合法用户身份，最常用的方法就是身份认证。可信边界安全网关提供对用户身份的认证功能、终端和网关之间的相互身份的认证功能和业务应用系统对用户的身份认证功能。

2）解决设备认证功能：自动收集终端硬件信息，根据管理员事先设置的终端信息（如终端软硬件特征码、硬盘号、CPU号等），确保只有经过注册的合法用户终端才能与网关相连接，保证接入终端设备的合法性。

3）解决通信加密问题：一旦用户终端与可信边界安全网关之间建立了SSL安全通道，所有应用数据的传输都将在SSL记录协议的安全保护下进行，依据SSL握手协议阶段确定的加密算法和密钥，对数据加密保护使用哈希算法和数字签名技术，对数据传输进行完整性保护。

4）解决访问控制问题：可信边界安全网关采用了基于角色的应用授权和访问控制机制，依据“最小授权”原则，对用户的应用服务访问权限严格控制，有效避免了超越权限的访问行为。

5）解决安全审计问题：可信边界安全网关提供完备的日志审计管理，用户通过可信边界安全网关发生的应用访问行为都会被记录到系统日志中，以便事后查看和分析。

6）可信边界安全网关适用于保证操作者的物理身份与数字身份相对应的场合，包括证券、教育、航空等各类行业，支持口令和数字证书双因素的认证方式。

部署位置：安全接入平台区。

（2）主机系统安全

系统安全规划包括主机安全加固和系统运行安全两个方面，主机安全加固是针对主机系统的脆弱性制定身份鉴别与认证、访问控制和审计跟踪等安全策略；系统运行安全是制订系统操作程序和职责，以及对应用系统的安装过程进行管理的策略。

系统操作确认机制对系统软件、应用软件、业务数据、改动设备和系统的配置、连接等操作设定操作申请、确认机制，拥有相应权限的管理员需要遵循该机制相应的系统级别操作。

（3）虚拟机系统安全

对虚拟机管理均经过加密，虚拟主机的访问受身份识别的管控，并经由防火墙对虚拟环境进行逻辑隔离，以确保安全。虚拟机系统的安全要求包括：

1）云平台可针对虚拟机进行流量控制，避免带宽占用影响到虚拟机服务。

2）平台提供商用虚拟化防火墙、防毒等软件，可供使用者选用。

3）平台针对每个虚拟机的操作、流量进行监控，并保存日志供查询及审核。

（4）应用负载均衡

云上的各类应用系统通过虚拟机或物理机承载，为了保证应用系统的稳定性，通常使用多台虚拟机或物理机承载同一套应用系统。通过应用负载均衡，能够有效地分担应用系统的访问请求，将访问流量按照设定的策略负载分担到各个节点上，以提高业务系统的稳定性和冗余性，任一节点发生故障都不会导致系统不可用。同时由于访问请求被合理分配，也有效提高了各节点的资源利用率。

常见的负载均衡算法包括轮询、加权轮询、哈希、最小连接、最快响应等。

负载均衡部署模式是指在虚拟化环境中，通过 NFV（Network Functions Virtualization，网络功能虚拟化）形态，将负载均衡以虚拟化方式部署于平台中，实现对虚拟机的应用负载均衡。在物理机环境中，通过部署硬件应用负载均衡器，实现对物理服务器的应用负载均衡。

部署位置：内网核心交换区；外网核心交换区。

（5）日志审计

日志审计系统通过对客户网络设备、安全设备、主机和应用系统日志进行全面的标准化处理，及时发现各种安全威胁、异常行为事件，为管理人员提供全局的视角，确保客户业务的不间断运营安全。通过日志关联分析引擎，为云管理人员提供全维度、跨设备、细粒度的关联分析，透过事件的表象真实地还原事件背后的信息，提供真正可信赖的事件追责依据和业务运行的深度安全。

部署位置：内网运管区；外网运管区。

9.3.3 应用安全

应用安全的威胁主要表现在以下几个层面：

（1）静态数据的安全威胁

静态数据可以加密保存，如简单对象存储业务，用户通过客户端加密数据，然后将数据存储到公有云中，用户的数据加密密钥保存在客户端，云端无法获取密钥并对数据进行解密。这种加密方式提高了密钥的私密性、安全性，但限制了云对数据的处理，在某些场景下，

如计算业务，云端没有数据解密密钥则无法对数据进行处理。

（2）数据处理过程的安全威胁

数据在云中处理，数据可以是不加密的，可能被其他用户、管理员或者操作员获取到，这比数据在用户自己的设备上处理更加不安全。

（3）数据线索的挑战

虚拟化、热迁移、分布式处理等技术的应用，导致在不同的时间里，数据在云中的处理位置并不相同。在某一时刻，数据可能在虚拟机 VM1 上处理，但在另一时刻，数据可能被安排到虚拟机 VM2 上处理。这增加了跟踪数据线索的难度，对数据的真实性、完整性的证明都提出了更大的挑战。

具体解决方案和部署如下：

（1）网页防篡改系统

包含网页防篡改、防攻击系统，为网站安全建立全面、立体的防护体系。具有如下功能：

1）支持多种保护模式，防止静态和动态网站内容被非法篡改。

2）采用核心内嵌技术，支持大规模连续篡改攻击保护。

3）完全杜绝被篡改内容被外界浏览。

4）支持断线 / 连线状态下的篡改检测。

5）支持多服务器、多站点、各种文件类型的防护。

部署位置：外网运管区。

（2）WAF 防火墙

WAF 防火墙有效防止网页篡改、信息泄露、木马植入等恶意网络入侵行为，从而减小云 Web 类型服务器被攻击的可能性。

通过在云系统上部署 WAF 防火墙，用来控制对 Web 应用的访问，实现对 Web 类型服务器相关的操作行为进行审计记录，包括管理员操作行为记录、安全策略操作行为、管理角色操作行为、其他安全功能配置参数的设置或更新等行为。增强被保护云平台 Web 应用的安全性，屏蔽 Web 应用固有的弱点，保护 Web 应用编程错误导致的安全。

部署位置：外网核心交换区旁挂 WAF。

（3）Web 漏洞扫描

Web 漏洞扫描系统可对包括门户网站、电子商务、网上营业厅等各种 Web 应用系统进行安全检测，支持代理扫描、HTTPS 扫描等。

部署位置：内网运管区；外网运管区。

（4）数据库审计

数据库审计实时记录云上应用的数据库活动，对数据库操作进行细粒度审计的合规性管理，对数据库遭受到的风险行为进行告警，对攻击行为进行阻断。通过对用户访问数据库行为的记录、分析和汇报，帮助用户事后生成合规报告、事故追根溯源，同时加强内外部数据库网络行为记录，提高数据资产的安全。

部署位置：内网核心交换区。

9.3.4 数据安全

数据安全包括备份、容灾等，还包括用户剩余数据的安全。用户退租虚拟机后，该用户的数据就变成剩余数据，存放剩余数据的空间可以给其他用户使用，如果数据没有经过处理，其他用户可能获取到原来用户的私密信息。

云计算数据中心需具备数据可靠存储资源的能力，保证数据在存储时的可用性、完整性，保证一个副本或备份有效，数据要存储在合同、服务水平协议和法规允许的地理位置，支持数据处理过程中对数据的保护，保证各个独立用户的数据安全；具备数据处理过程中数据可靠读写的能力，保证用户数据在处理过程中的可用性与完整性；对数据使用行为进行监控，对数据实施安全访问控制。数据备份恢复机制、租户数据隔离机制和数据访问日志记录机制构成了衡量数据安全的关键要素。

9.3.5 机房安全管理问题

机房安全是指对云计算数据中心机房内的所有物品实行严格地进出审批及进出登记管理，对记录文档永久保存。

为确保各数据中心的公共安全，数据中心应与本地公安联防、消防部门等建立密切联系。

数据中心应实施严格的环境安全管理制度，包含多重门禁控制、楼宇保安巡逻等，对数据中心机房关键区域实行严格的门禁准入管理，对需进出数据中心的设备和物品履行严格的核查及放行手续，其中进出机房的设备还必须获得数据中心管理层的审批后才可核查与放行，从员工进入数据中心开始到离开数据中心实施全程监控管理。

数据中心还应实行严格的授权准入制度与分区域管理，外来人员需获得授权并在内部人员陪同下才能进入数据中心的各安全管制区域，对授权进入机房内的服务厂商应配有值班人员现场陪同工作，并对相关操作进行记录。数据中心将严格遵守国家的法律、法规，以及行业监管部门的相关规定，确保运维服务期间的数据安全和业务保密。

9.3.6 设备级安全

（1）AAA 安全认证

建议所有网络设备纳入 AAA（Authentication 认证、Authorization 授权、Accounting 计费）管理系统，实现统一认证、授权和审计管理，网络设备虚拟终端（Virtual Type Terminal，VTY）登录通过 AAA 系统控制。AAA 管理系统中针对路由器、交换机的管理用户至少分为两种权限类型，读写权限和只读权限，管理用户应授权到个人。

此外，网络设备设置本地特权用户及静态密码，作为AAA系统失效的备份机制，本地特权用户具有设备的最高管理权限。

（2）网络设备访问控制

对路由器和交换机的管理，主要通过设备本身的Console/Aux控制端口、网络远端VTY（虚拟终端）。通常Console/Aux控制端口连接访问服务器作为带外网络管理，VTY远程访问是访问设备的最常用方法。

（3）网络设备自身安全

网络设备安全主要包括两部分：关闭不必要的网络服务，即路由器和多层交换机均有一些默认开启的服务，很有可能会被非法利用，通过关闭这些服务，可以增强网络设备自身的安全，只有明确需要时才启用这些服务；调整系统默认配置，即网络设备通常提供一些标准的初始配置，针对不同的网络应用环境，应适当更改这些系统默认配置，以增强设备的安全性。

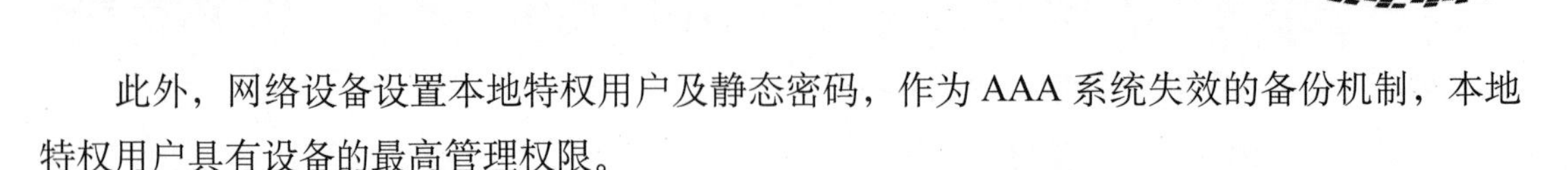

本章小结

云安全不仅受到传统的安全威胁，同时，由于其分布式、多数据中心、虚拟化架构以及开放性等特点，云计算系统更容易被攻击，数据面临被窃取、泄密、篡改以及丢失等严峻问题。云安全问题具体体现在：

1）数据安全：云环境下，用户数据直接在云端计算与存储，数据的所有权与管理权相分离，带来了云环境下的数据安全问题。现阶段，云数据安全防护技术主要有：增强加密技术、密钥管理、数据隔离、数据残留等。

2）虚拟化安全：虚拟化技术加强了基础设施、软件平台、业务系统的扩展能力，同时也使得传统物理安全边界逐渐缺失，以往基于安全域/安全边界的防护机制已经难以满足虚拟化环境下的多租户应用模式，用户的信息安全、数据隔离等问题在共享物理资源环境下显得更为迫切。由于虚拟化技术的引入，云环境中涉及虚拟化软件安全和虚拟服务器安全两个问题。虚拟化带来的安全问题也才刚刚起步，虚拟环境中的安全机制与传统物理环境中的安全措施相比仍有较大差距。所以，想要迁移至云计算环境中的用户需详细了解用户与云服务提供商所要承担的安全责任，安全的云计算环境需要用户与云服务商共同来维护。

3）终端安全：随着云计算的发展，云终端得以出现。目前可以从终端安全基础设施、终端硬件芯片可信技术、操作系统安全机制、终端应用安全更新机制等4个方面进行终端安全防护。

4）应用安全：云环境的灵活性、开放性以及公众可用性等特性给应用安全带来了很大挑战，云服务提供商在部署应用程序时应当充分考虑可能引发的安全风险。对于使用云服务的用户而言，应提高安全意识，采取必要措施，保证云终端的安全。例如，用户可以在处理敏感数据的应用程序与服务器之间通信时采用加密技术，以确保其机密性。云用户应建立定期更新机制，及时为使用云服务的应用打补丁或更新版本。

总之，云计算产业发展必须在数据迁移、备份、加密以及位置控制方面进行深入研究，保证云服务的易用性、可用性、稳定性、安全性等。安全问题的解决还包括云计算相关法律法规的不断完善，增强用户使用云计算的信心。除了技术问题之外，用户自我保护的意识也必须加强。虽然，现在逐渐有各种安全措施加以保护，甚至未来还将不断推出完善的法律法规，但是最终数据的安全与否很大程度还是掌握在用户手中。随着 IT 安全法律法规的逐步完善、安全技术措施更加完善，云计算用户完全可以把云服务提供商当作银行来放心地合作，放心地在银行存钱，放心地在云中储存数据。

习题

一、填空题

1．从信息安全自身发展来看，要建立从______、______、______和______等多个层面的安全防御体系，才能面对未来的威胁。

2．云安全来自 6 个层面的安全威胁分别是：______、______、______、______、机房安全以及设备级安全。

3．安全认证中的 AAA 分别是______、______、______。

二、简答题

1．云计算中面临哪些安全问题？

2．简述 DDoS 的攻击现象。

3．简述 WAF 防火墙的主要作用和部署位置。

拓展项目

项目名称：为保障网购和账户资金的安全，在个人计算机上完成京东或支付宝的数字证书安装。

可以在自己比较熟悉的京东或天猫网购平台，将自己的账户进行安全加固和升级，其中下载安装数字证书是重要措施之一。数字证书是账户资金使用过程中的身份凭证之一，加强了自己账户的资金安全。安装数字证书后，在交易过程中，由于对账户信息进行了加密处理，即使账号被盗，对方也动不了账户里的资金。个人用户申请证书后，当计算机系统重装或更换计算机时，只需再安装一次证书即可，无需导入和备份数字证书。

背景知识：数字证书是指 CA（Certificate Authority）机构发行的一种电子文档，是一串能够表明网络用户身份信息的数字，提供了一种在计算机网络上验证网络用户身份的方式，因此数字证书又称为数字标识。数字证书对网络用户在计算机网络交流中的信息和数据等以加密或解密的形式保证了信息和数据的完整性和安全性。

数字证书的基本原理是通过加密算法和公钥对内容进行加密，然后通过解密算法利用私钥对密文进行解密得到明文。由公钥加密的内容，只能由私钥的持有者解密，其中私钥是保密的，使用公钥进行加密，只有私钥的持有者才能解密。

数字证书是云计算中使用的重要安全手段，用户在云计算使用交互中，通过数字证书进行真实身份的验证，验证之后，通过对称加密算法加密交互的信息。在云计算中，需要对通信过程认证和加密，认证核心是要确认对方的真实身份，当确认对方的身份后，再以加密的形式进行交互，数字证书就是确认真实身份的技术实现方式。

数字证书分为服务器证书、电子邮件证书、个人证书、自签名证书、代码签名这5种类型。数字证书具有机密性、完整性、真实性和不可否认性等特点。

数字证书主要包括以下几个组成部分：

1）颁发者（Issuer）。是指该证书是由什么机构发布和创建的。

2）有效期（Valid From）。是指证书的有效时间，或者说证书的使用期限，过了有效期限，证书不能再使用。

3）公钥（Public Key）。RSA公钥加密体制包含3个算法：KeyGen（密钥生成算法）、Encrypt（加密算法）以及Decrypt（解密算法），公钥用于对数据进行加密，私钥用于对数据进行解密。

4）使用者（Subject）。是指证书的使用者，即证书是发布给谁使用的。

5）指纹以及指纹算法（Thumbprint Algorithm）。是为保证证书的完整性而设计，在发布证书时，发布者根据指纹算法计算整个证书的Hash值，使用者在打开证书时，再计算当前证书的Hash值，两个Hash值进行比对后确认证书的内容是否被修改。Hash值实际是证书的指纹，该指纹是证书颁发机构的私钥用签名算法（Signature Algorithm）加密后保存在证书中。

6）签名算法（Signature Algorithm）。是数字证书的数字签名所使用的加密算法，签名是在证书的里面再加上一段内容，可以证明证书没有被修改过，对证书的信息进行Hash计算，把该Hash值使用签名算法加密后存放到数字证书中被称为数字签名。

以京东网购平台为例，具体参考步骤如下：

步骤1：打开京东官网（https://www.jd.com/）登录账户。选择“账户设置”→“账户安全”命令，在弹出的“账户安全”窗口中，单击“管理数字证书”按钮，如图9-2所示。

步骤2：在弹出的“申请数字证书”窗口中，单击“立即下载”按钮，下载数字证书安装程序，如图9-3所示。

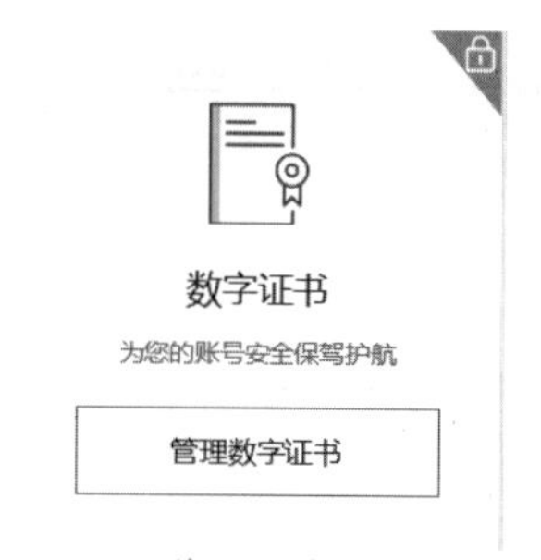

图 9-2　管理数字证书选项卡

图 9-3　下载数字证书

步骤 3：完成数字证书下载后，如图 9-4 所示，选择“安装证书的电脑”的位置，这里选择“家里的电脑”。

图 9-4　选择“安装证书的电脑”所在位置

步骤 4：单击“提交”按钮，弹出“数字证书申请成功！”提示窗口，如图 9-5 所示。

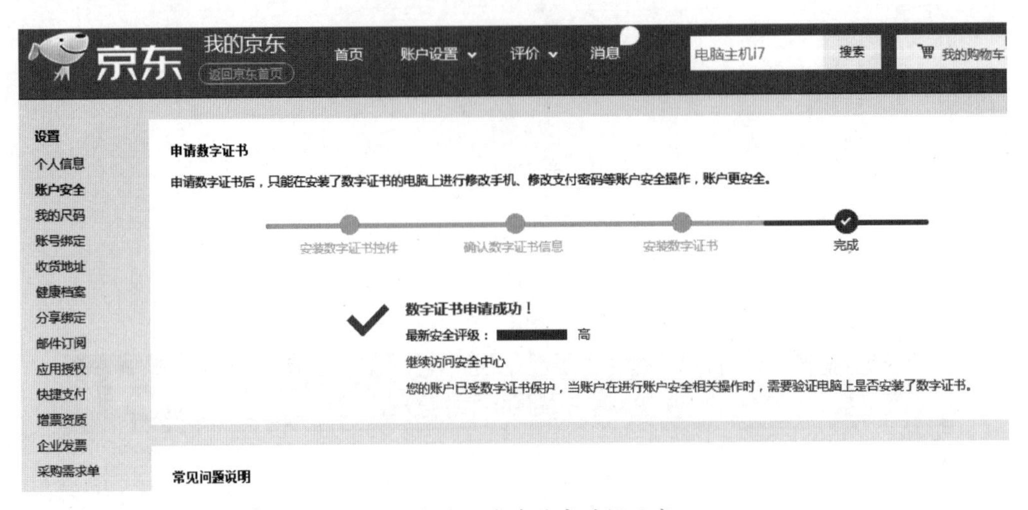

图 9-5　数字证书申请成功提示窗口

步骤 5：至此已经完成数字证书的安装，可以回到图 9-2 所示窗口，单击“管理数字证书”按钮，弹出窗口如图 9-6 所示。

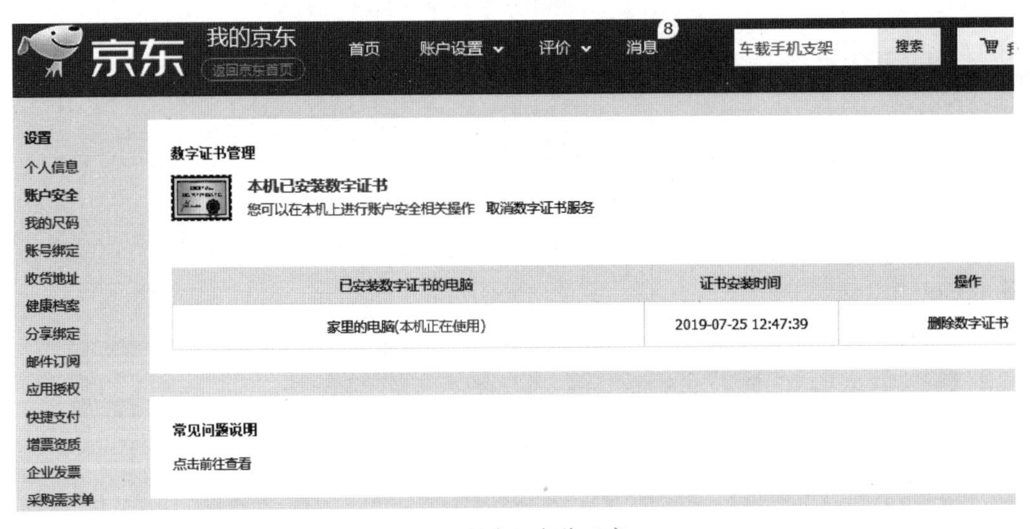

图 9-6　数字证书管理窗口

附录

云计算常用术语简析

一、虚拟化技术

1．虚拟化（Virtualization）

虚拟化是指通过虚拟化技术将一台计算机虚拟为多台逻辑计算机。在一台计算机上同时运行多个逻辑计算机，每个逻辑计算机可运行不同的操作系统，并且应用程序都可以在相互独立的空间内运行而互不影响，从而显著提高计算机的工作效率。

2．计算虚拟化（Computational Virtualization）

计算虚拟化通常包括 3 方面的内容：

1）CPU 虚拟化：由于多个 VM（Virtual Machine，虚拟机）共享 CPU 资源，需要对 VM 中的敏感指令进行截获并模拟执行。

2）内存虚拟化：由于多个 VM 共享同一物理内存，需要相互隔离。

3）I/O 虚拟化：由于多个 VM 共享一个物理设备，如磁盘、网卡，通过分时多路技术进行复用。

3．存储虚拟化（Storage Virtualization）

存储虚拟化是将实际的物理存储实体与存储的逻辑表示分离开来，应用服务器只与分配给它们的逻辑卷打交道，而不用关心其数据是在哪个物理存储实体上。对用户来说，虚拟化的存储资源就像是一个巨大的“存储池”，用户不会看到具体的磁盘、磁带，也不必关心自己的数据经过哪一条路径通往哪一个具体的存储设备。从管理的角度来看，虚拟存储池是采取集中化的管理，并根据具体的需求把存储资源动态地分配给各个应用。

4．网络虚拟化（Network Virtualization）

网络虚拟化是对物理网络机器组件如交换机端口以及路由器进行抽象。采用网络虚拟化，用户可以将多个物理网络抽象为一个虚拟网络，或者将一个物理网络分割为多个逻辑网络。

5．桌面虚拟化（Desktop Virtualization）

桌面虚拟化是指对计算机的桌面进行虚拟化，以达到桌面使用的安全性和灵活性。支持企业级实现桌面系统的远程动态访问与数据中心统一托管的技术。

二、云计算技术

1．KVM（Kernel-based Virtual Machine）

KVM 是一种基于 Linux 内核的高性能虚拟化软件，可以将 Linux 内核转化为一个虚拟机监视器（Hypervisor），其与 VMware、Xen、Hyper-V 等虚拟化软件的不同之处在于，KVM 不需要专门的虚拟化微内核（Linux 操作系统即可满足），极大减少了代码复杂度和维护难度。

2．OpenStack

OpenStack是开源云计算平台，它是一个框架，可以在上面搭建公有云、私有云。由于天然的架构优势（开源、灵活、创新、不被厂商锁定等），OpenStack逐渐成为云计算的行业标准。

3．Ceph

开源SDS（软件定义存储）是分布式统一存储平台，同时具备块存储、对象存储、文件存储功能，不需要专门存储设备硬件，支持X86、Power等硬件平台，配合廉价的存储介质提供高可靠、高可用、高性能的统一存储服务。

4．软件定义存储（Software Defined Storage，SDS）

SDS是将数据中心或者跨数据中心的各种存储资源抽象化、池化，以服务（UI或API）的形式提供给应用（并且不依赖特定的存储设备），满足应用按需（如容量、性能、QoS、SLA等）自动化使用存储的需求，一个软件定义的存储解决方案使用户可以在不增加任何工作量的情况下进行纵向扩展或横向扩展。

5．软件定义网络（Software Defined Network，SDN）

一种网络虚拟化方法，致力于优化网络资源，使网络快速适应不断变化的业务需求、应用程序和流量。SDN可分离网络的控制平面和数据平面，通过软件接口动态调整控制平面，实现软件管理网络基础设施。

常用的SDN架构方案包括软件和硬件两种，软件架构方案主要采用开源的OpenFlow控制平面协议和Open vSwitch虚拟交换机来实现，配合通用物理网络设备和VLAN、VxLAN等物理网络即可实现基于叠加网络的SDN网络功能；而硬件架构方案则需要采购专门的SDN交换机设备，配合专用的SDN控制器来实现SDN网络功能。

三、云计算概念

1．资源池（Resources Pool）

资源池是被虚拟化了的基础设施——服务器、存储、网络等的集合。由于物理计算资源在被虚拟化后，原有的物理隔离被打破，可以集合到一起共同对外提供服务，如同水滴汇聚为池塘。

2．云计算（Cloud Computing）

一种无处不在、方便、可按需访问共享计算资源的有偿服务模式。这种模式提供可用的、便捷的、按需的网络访问，进入可配置的计算资源共享池（包括网络、服务器、存储、应用软件、服务），这些资源能够被快速提供，只需投入很少的管理工作，或与服务供应商进行很少的交互。云计算通常分为3个基本服务级别，即IaaS、PaaS、SaaS，可部署在组织内（私有云），用于任何组织和个人（公有云）或者其他组合模式（混合云）。

3．私有云（Private Cloud）

私有云是专供一个企业或组织使用的云计算资源，提供对数据、安全性和服务质量的最有效控制。一般部署在企业或组织自己的数据中心上，也可以付费给第三方的提供商托管。

4．公有云（Public Cloud）

公有云或公共云是基于标准云计算的一个模式，服务供应商创造资源，如应用和存储，用户可以通过网络获取这些资源。

5．混合云（Hybrid Cloud）

混合云是两种或两种以上（公有云、私有云）云服务方式的结合，通过技术手段支持数据和应用程序在两者之间迁移，能够为企业提供更大的灵活性和更多的部署选项。

6．云备份（Cloud Backup）

云备份是指将数据备份到基于云的远程服务器的过程。

7．云迁移（Cloud Migration）

云迁移是指将公司的所有或一部分数据、应用程序和服务从本地迁移到云端的过程，它还可以包括将数据从一个云环境移动到另一个云环境。

8．云安全（Cloud Security）

云安全是网络时代信息安全的最新体现，它融合了并行处理、网格计算、未知病毒行为判断等新兴技术和概念，通过网状的大量客户端对网络软件行为的异常检测，获取互联网中木马、恶意程序的最新信息，推送到 Server 端进行自动分析和处理，再把病毒和木马的解决方案分发给每一个客户端。

9．云存储（Cloud Storage）

云存储是一种计算机存储模式，数据存储在由一家托管公司（云服务提供商）管理的设施（常常是多个设施），用户通过网络来远程访问这些数据。

10．云操作系统（CloudOS）

云操作系统又称云 OS，是云计算后台数据中心的整体管理运营系统。它是指架构于服务器、存储、网络等基础硬件资源和单机操作系统、中间件、数据库等基础软件，管理海量的基础硬件及软件资源之上的云平台综合管理系统。

11．弹性计算云（Elastic Compute Cloud，EC2）

弹性（Elasticity）是指一个可以根据自身需求动态增加和释放其所使用的计算资源的管理系统，即弹性云服务，例如，亚马逊弹性计算云（Amazon Elastic Computing Cloud，Amazon EC2）。

12．虚拟私有云（Virtual Private Cloud，VPC）

在公有云上构建隔离的、用户自主配置和管理的虚拟网络环境，用户在使用的时候不受其他用户的影响，感觉像是在使用自己的私有云一样。

四、云计算服务模式

1. 基础设施即服务（Infrastructure-as-a-service，IaaS）

通过软件平台提供类似物理IDC的基础设施资源池，并从中分配主机、网络、存储等资源，使得基础设施资源具备弹性扩展能力，大幅提升资源交付效率和密度，降低IT成本。

2. 平台即服务（Platform-as-a-Service，PaaS）

可基于IaaS平台或物理基础设施提供各种软件开发组件，如数据库、消息队列、负载均衡、缓存服务等中间件平台。近年来PaaS的定义范围也扩展到了业务编排、调度服务，与微服务架构配合用来实现业务的自发现、自运维、自恢复等功能。

3. 软件即服务（Software-as-a-Service，SaaS）

通过网络为用户直接提供软件服务，而用户不需要关心软件运行在何处、如何部署维护。

4. 后端即服务（Backend-as-a-Service，BaaS）

后端即服务（BaaS）或移动后端即服务（mBaaS）是一种云计算模式，提供商为Web和移动应用程序开发人员提供为应用程序创建云后端的工具和服务。BaaS提供商通常使用自定义的SDK和API，让开发人员能够将其应用程序连接到后端云存储，比如用户管理、推送通知以及与社交网络整合等。

五、云计算特性

1. 业务连续性（Business Continuity）

业务连续性是计算机容灾技术的升华概念，一个由计划和执行过程组成的策略，其目的是为了保证企业包括生产、销售、市场、财务及其他各种重要的功能百分之百可用。可以说业务连续性是覆盖整个企业的技术及操作方式的集合，其目的是保证企业信息流在任何时候以及任何需要的状况下都能保持业务连续运行。

2. 负载均衡（Load Balance）

负载均衡可以减轻单一或者多个节点的负载压力，将整体负载均衡地分配到多个节点上，提高网络的灵活性和可用性。

3. 高可用（High Availability，HA）

通常来描述一个系统经过专门的设计减少死机时间，保持其服务的高度可用性。计算机系统的高可用性是通过系统的可靠性（Reliability）和可维护性（Maintainability）来度量的。工程上，通常用平均无故障时间（MTTF）来度量系统的可靠性，用平均维修时间（MTTR）来度量系统的可维护性。可用性被定义为：MTTF/（MTTF+MTTR）×100%。

4．可伸缩性 / 可扩展性（Scalability）

可伸缩性（可扩展性）是一种对软件系统计算处理能力的设计指标，高可伸缩性代表一种弹性，在系统扩展成长过程中，软件能够保证旺盛的生命力，通过很少的改动甚至只是硬件设备的添置，就能实现整个系统处理能力的线性增长，实现高吞吐量和低延迟高性能。

六、容器

1．容器（Container）

通常用于基于 UNIX 系统的操作系统（非机器）级别的资源隔离。隔离的元素因容器化策略而异，通常包括文件系统、磁盘配额、CPU 和内存、I/O 速率、根权限和网络访问。它比机器化级别的虚拟更轻便，并且能够满足许多隔离需求设置。

2．容器镜像（Container Image）

容器镜像通常由构建命令创建，并可生成一个可稍后运行的容器。

3．Docker

一个旨在部署和管理虚拟化容器的开源平台。可以将同一个构建版本用于开发、测试、预发布、生产等任何环境，并且做到了与底层操作系统的解耦。

4．Kubernetes

由谷歌维护的开源容器集群管理平台。

5．编排（Orchestration）

管理容器创建和连接的过程。

6．DevOps

Development 和 Operations 的组合词，DevOps 不是一种软件或架构，而更像是一种流程或规范，强调开发与运维之间的沟通合作甚至二者合一，结合自动化软件交付和架构变更的流程，使构建、测试、发布软件更加快捷、频繁和可靠（从数月发布一次到每天发布数十次或上百次）。支撑 DevOps 流程的主流软件方案为容器技术（如 Docker 等）及之上的编排平台（如 Kubernetes 等），支撑 DevOps 流程的主流软件架构方案为微服务架构。

七、其他

1．中间件（Middleware）

中间件是处于操作系统和应用程序之间的软件，它经常作为一种通信服务，使应用程序可以连接。

2．应用程序接口（Application Programming Interface，API）

提供应用程序与开发人员基于某软件或硬件可访问一组例程的能力，而又无需访问源码和理解内部工作机制的细节。

3．内容分发网络（Content Delivery Network，CDN）

内容分发网络是一种物理分布式服务器，可为每个用户提供内容路径优化，减少传输时间和网络负载。

4．地域（Region）

物理区域概念，如华中地址、华东地址。一般一个 VPC 租户选择在同一个 Region 里面，不会跨 Region。如果用户的业务需要跨 Region，目前方案需要在不同的 Region 创建不同的 VPC。在公有云中把 Keystone（身份认证和授权）和 Glance（镜像管理）定义为 Region 级别的组件，同一个 Region 共享 Keystone 和 Glance。用户选择 Region 来创建 VPC，选择了 Region 就选择了部署的位置。例如，业务主要在华东地址，就选择华东地区的 Region。

5．服务等级协议（Service-Level Agreement，SLA）

服务等级协议是关于网络服务供应商和客户间的一份合同，其中定义了服务类型、服务质量和客户付款等术语。典型的 SLA 包括以下项目：分配给客户的最小带宽、客户带宽极限、能同时服务的客户数目、在可能影响用户行为的网络变化之前的通知安排、拨入访问可用性、运用统计学、服务供应商支持的最小网络利用性能、各类客户的流量优先权、客户技术支持和服务等。

参考文献

[1] 林康平，王磊. 云计算技术 [M]. 北京：人民邮电出版社，2017.

[2] 汤兵勇，李瑞杰，陆建豪，等. 云计算概论 [M]. 北京：化学工业出版社，2014.

[3] 刘军. Hadoop 大数据处理 [M]. 北京：人民邮电出版社，2014.